W0084447

Biologisches Wissen in Frage und Antwort

Werner Bils

Warum die Erbse rund ist

147 Aufgaben und Lösungen zur Zellbiologie und Genetik

Quelle & Meyer Verlag Wiebelsheim

Dr. Werner Bils
Weihergärtenweg 37
72762 Reutlingen

Bibliographische Information der Deutschen Nationalbibliothek
Die Deutsche Nationalbibliothek verzeichnet diese Publikation in der Deutschen Nationalbibliographie; detaillierte bibliografische Daten sind im Internet über http://dnb.d-nb.de abrufbar.

Druck und Verarbeitung: Karroh s.r.o., Tschechien

ISBN 978-3-494-01459-3

Inhaltsverzeichnis

Vorwort

Wie jede Naturwissenschaft ist die Biologie nicht nur eine beschreibende, sondern vor allem auch eine erklärende Wissenschaft. Sie sollte daher nicht nur reines Lernfach sein, in dem es ausschließlich um die Vermittlung von Faktenwissen geht. Was nutzen erworbene Kenntnisse, wenn sie nur bei gezielter Abfrage bereit stehen, aber nicht angewendet, vernetzt und auf neue, unbekannte Zusammenhänge übertragen werden können?

Vor diesem Hintergrund wendet sich die vorliegende Sammlung von Aufgaben an unterschiedliche Zielgruppen: an Schülerinnen und Schüler von der fünften bis zu den Abschlussklassen der weiterführenden Schulen und darüber hinaus auch an Studierende im Grundstudium. Lehrerinnen und Lehrer finden im Buch Aufgaben, die sich im laufenden Unterricht oder in Tests und Klassenarbeiten verwenden lassen.

Aus diesem Grundkonzept leiten sich einige Merkmale der Aufgaben ab.

Die Aufgaben berücksichtigen Kernthemen des Biologie-Unterrichts der weiterführenden Schulen und teilweise des Grundstudiums.

Durch ihre abwechslungsreiche Form wirken die Aufgaben motivierend und beugen Frustrationen vor. Die Texte sind leicht verständlich und den verschiedenen Altersstufen der Adressaten angepasst, verzichten aber nicht auf fachspezifische Formulierungen und Begriffe. Fast alle Aufgaben sind in der Praxis erprobt.

Der größte Teil der Aufgaben eignet sich dazu, die Reorganisation, die Anwendung und den Transfer von Kenntnissen zu üben und allgemein das Problem lösende und vernetzende Denken zu fördern. Nur wenige Aufgaben verlangen lediglich die Reproduktion von Faktenwissen.

Viele Aufgaben fördern über die Biologie hinaus allgemeine Kompetenzen. So lässt sich unter anderem der Umgang mit Fließtexten, stichwortartigen Kurzdarstellungen, Schemata, Tabellen, Diagrammen und Graphiken üben.

Das Anforderungsniveau ist so gehalten, dass die Lösungen selbstständig, ohne fremde Hilfe erarbeitet werden können.

Die Lösungen sind der Leistungsfähigkeit der jeweiligen Adressatengruppe angepasst. Häufig stellen sie die Sachverhalte vereinfachend dar, beschränken sich auf das Wesentliche und verzichten auf Einzelheiten, Ausnahmen oder Ähnliches. Sie können daher nicht immer umfassend sein.

Ich danke allen, die geholfen haben, dieses Buch fertig zu stellen, vor allem den Schülerinnen und Schülern, die die meisten Aufgaben im Unterricht und in Klassenarbeiten getestet haben. Nicht zuletzt gehört mein Dank Herrn Dr. Benjamin Köckemann, der sich nie entmutigen ließ, sondern beharrlich an den Erfolg des Buches glaubte.

Zur schnellen Orientierung sind jeder Aufgabe Piktogramme vorangestellt. Sie geben Auskunft über:

Schwierigkeitsgrad und Eignung für eine bestimmte Altersgruppe:

 Leicht: Anfangsklassen der weiterführenden Schulen (etwa von der fünften bis zur siebten Klasse)

 Mittel: Mittelstufe (etwa von der siebten bis zur zehnten Klasse)

 Schwer: Oberstufe (ab der zehnten Klasse)und in einigen Fällen auch Grundstudium.

Das Anforderungsniveau:

 Reproduktion: Wiedergabe von Kenntnissen

 Anwendung: Umstrukturieren von Kenntnissen und Erweiterung durch neue Aspekte

 Transfer: Analyse unbekannter Sachverhalte, Übertragung von Kenntnissen

Die Überlappungen mit anderen Fächern:

 Physik   Geschichte

 Chemie   Mathematik

 Geologie und Paläontologie   Philosophie

 Geographie   Photosynthese

 Literatur   Physiologie

Aufgabe 1

Kandiszucker kann man auf folgende Weise herstellen: Man löst so viel Zucker wie möglich in Wasser auf. In dieses Zuckerwasser hängt man einen rauen Faden. Nach ein bis zwei Tagen haben sich Zuckerkristalle gebildet, die von Tag zu Tag wachsen. Wachstum ist ein Kennzeichen des Lebens.

? **Begründe, warum man die entstehenden Kandiszucker-klumpen nicht als Lebewesen (Organismen) bezeichnen darf, obwohl die Zuckerkristalle ja wachsen.**

! **Lösung**

Lebewesen unterscheiden sich von nicht lebenden Dingen durch einige Besonderheiten. Eine davon ist die Fähigkeit zu wachsen. Zur Unterscheidung reicht allerdings ein einziges Kennzeichen nicht aus, es müssen fünf zutreffen. Diese fünf sind:

Wachstum, Fortpflanzung, Reizbarkeit, Stoffwechsel, Aufbau aus Zellen.

Ein „Ding" ist also nur allein dadurch, dass es wächst, noch kein Lebewesen. Ebenso wäre irgendetwas, das reizbar ist, sich fortpflanzt und wächst, noch kein Lebewesen, wenn ihm die übrigen zwei Kennzeichen des Lebens fehlen.

Aufgabe 2

? **Unten ist ein Abschnitt aus einem populärwissenschaftlichen Buch wiedergegeben. Fülle bitte die Lücken durch sinnvolle Eintragungen aus.**

„Ein Lebewesen ist etwas extrem Unwahrscheinliches, und das nicht nur, weil seinesgleichen im Weltraum relativ selten anzutreffen ist. Nein, es ist vor allem deshalb unwahrscheinlich, weil es eine hochkomplizierte geordnete Struktur darstellt, während uns die Wärmelehre sagt, dass die ...(1)... in der Welt stets zunehmen muss. Dass Lebewesen dennoch existieren können, hängt damit zusammen, dass sie ...(2)... verbrauchen, deren Erzeugung andernorts mehr ...(3)...schafft, als der Organismus durch den Aufbau geordneter Strukturen vernichtet. Selbst ein sparsames Lebewesen, das sich nicht bewegt und sich nur alle hundert Jahre einmal fortpflanzt, benötigt ...(4)..., um seinen Zustand der ...(5)... gegen das natürliche Bestreben nach ...(6)... aufrechtzuerhalten".

Groß, M.: Exzentriker des Lebens, 1997.

! Lösung

1 Unordnung (Entropie)
2 Energie
3 Unordnung
4 Energie
5 Ordnung
6 Unordnung

Zusatz:

Als Fußnote auf der entsprechenden Seite des Buches, wird auf einen bedeutenden Forscher hingewiesen:

„Dieses Thema, die Thermodynamik der lebenden Zellen – oder anders ausgedrückt, wie man aus Ordnung Unordnung schafft – hat der Physiker ERWIN SCHRÖDINGER bereits 1943 in seiner auch als Buch veröffentlichten Vortragsreihe zum Thema „What is Life" behandelt".

Bau der Zelle

Aufgabe 1

Unten ist das Schema einer Pflanzenzelle gezeichnet. Es ist allerdings unvollständig.

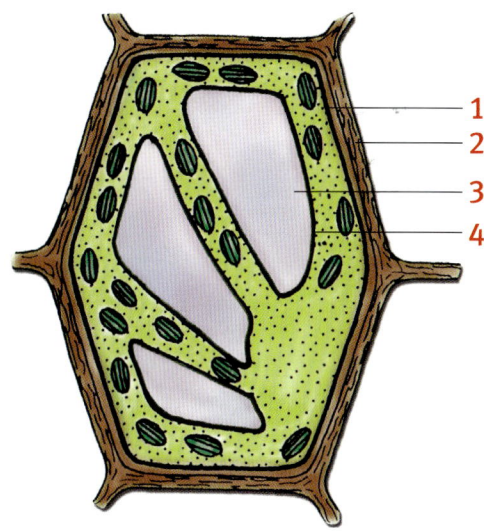

1
2
3
4

a) Welcher wichtige Teil fehlt in der Zeichnung?

b) Nenne die mit Kennziffern versehenen Teile der Zelle.

c) Wo in der Zelle befindet sich Zellplasma?

d) Aus welchem Material besteht der mit „2" gekennzeichnete Bereich?

Lösung

a) Es fehlt der Zellkern.

b) Gekennzeichnet sind mit:
1 die Äußere Zellhaut (Plasmalemma)
2 die Zellwand
3 der Zellsaftraum
4 die Innere Zellhaut (Tonoplast)

c) Die Zellwand („2") besteht aus Zellulose.

Aufgabe 2

ROBERT BROWN, ein schottischer Arzt und Botaniker, untersuchte 1831 die Zellschicht der Oberfläche von Pflanzen, die „Epidermis". Bei seinen Beobachtungen mit dem damals noch sehr einfach gebauten Mikroskop fiel ihm auf, dass alle Zellen in ihrem Inneren einen besonderen Fleck enthielten.

Er beschrieb seine Entdeckung so:

„In jeder Epidermiszelle ... ist eine einzelne kreisrunde Areola zu beobachten, meist weniger durchscheinend als die Zellmembran."

(Areola = kleiner Bereich)

(Zellmembran = Zellhaut)

Später stellte BROWN fest, dass dieser Bereich, den er zunächst „Areola" nannte, in allen untersuchten Zellen zu finden war, nicht nur in der Epidermis.

Spektrum der Wissenschaft, 6/1998.

Jahn, I.: Grundzüge der Biologiegeschichte, 1990.

? **a) Nenne, die heute übliche Bezeichnung für den Bereich der Zelle, den R. BROWN entdeckt hat.**

b) Erläutere die Aufgaben, die der von R. BROWN zunächst als „Areola" bezeichnete Zellbereich erfüllt.

c) Beschreibe in Stichworten die genaue Lage dieses Bereichs in der Pflanzenzelle.

! **Lösung**

a) R. BROWN entdeckte den Zellkern.

b) Der Zellkern sorgt für den geordneten Ablauf der Lebensvorgänge in der Zelle (steuert den Stoffwechsel), und er gewährleistet, dass die durch Zellteilungen entstehenden neuen Zellen den ursprünglichen Zellen ähneln. Verantwortlich dafür ist die Information, die im Zellkern enthalten ist, die Erbinformation. Sie kann kopiert und an die Tochterzellen weitergegeben werden.

c) Der Zellkern liegt im Zellplasma. Bei den meisten Pflanzenzellen ist das Zellplasma auf die äußeren Bereiche, unmittelbar an der Zellwand begrenzt. Der größte Raum der Zelle wird vom Zellsaftraum (Vakuole) eingenommen. Im Mikroskop sieht man daher den Zellkern, wenn die Zelle von der Seite her betrachtet wird, als linsenförmigen Bereich, der eng an die Zellwand angeschmiegt ist. In der Ansicht von oben erscheint er kreisförmig und häufig in der Mitte der Zelle liegend.

Aufgabe 3

Jupp und Jule stehen über ein Mikroskop gebeugt und schauen sich einen Wassertropfen an, der aus der Regentonne im Garten stammt. „Schau mal, dort ist ein kleines Tier oder eine Pflanze, das nur aus einer Zelle besteht", ruft Jule begeistert. „Lass mal sehen", antwortet Jupp – „ach Unsinn, das ist nur ein Schmutzteilchen".

Jule wird ein bisschen ärgerlich, sie hat sehr genau beobachtet. „Wie kannst du das behaupten; stimmt, es bewegt sich nicht, aber ich sehe ganz genau ..,". Sie redet nicht weiter, denn Jupp drängt sie vom Mikroskop weg, und jetzt ist sie richtig verärgert.

? **Weißt Du, was Jule sagen wollte? Vervollständige den Satz, den Jule begonnen hat. Erläutere, woran sie im Mikroskop ein Schmutzteilchen von einer Zelle unterschieden hat.**

! **Lösung**

Der Satz, den Jule begonnen hat, kann richtig so zu Ende geführt werden:.. „stimmt, es bewegt sich nicht, aber ich sehe ganz genau den Zellkern".

Begründung: Alle Zellen, pflanzliche wie auch tierische, haben einen Zellkern. Wenn der klar zu erkennen ist – was allerdings nicht immer ganz leicht ist -, kann man sicher sein, dass es sich um eine Zelle handelt und nicht um ein Schmutzteilchen.

Aufgabe 4

Die Funktion des Zellkerns wurde schon vor über 40 Jahren an Meeresalgen der Gattung *Acetabularia* (Schirmalgen) untersucht. Diese Algen bestehen aus nur einer einzigen, bis zu 10 cm großen Zelle. Mit ihrem unteren wurzelartigen Teil ist die Zelle im Boden verankert. Daraus entspringt ein Stiel, der oben eine hutförmige Verbreiterung trägt. Der Zellkern liegt im Wurzelbereich. Die Arten lassen sich durch die Form der Hüte unterscheiden. Schirmalgen leben in wärmeren Meeren, die Arten *Acetabularia mediterranea* und *Acetabularia wettsteinii* z. B. im Mittelmeer.

Ein Experiment an *Acetabularia* lief so ab, wie es vereinfacht in der Abbildung dargestellt ist.

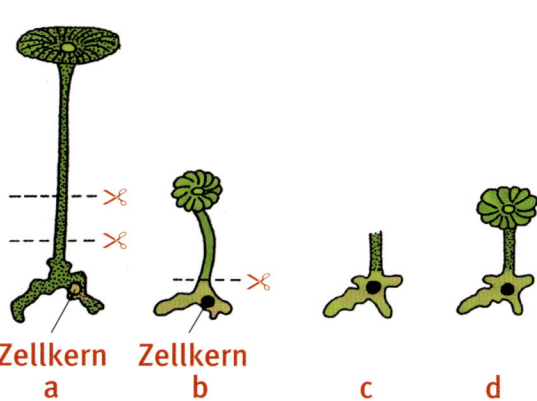

Zellkern   **Zellkern**
a   b   c   d

Transplantation bei *Acetabularia*: Ein kernloses Stielstück von *Acetabularia mediterranea* (a, punktiert, dunkelgrün) wird einem kernhaltigen Wurzelstück von *Acetabularia wettsteinii* (b, hellgrün) aufgesetzt (c). Durch Regeneration bildet sich am Stiel ein neuer Hut (d).

? **Stelle Hinweise auf die Funktion des Zellkerns dar, die die Ergebnisse dieses Experiments liefern. Begründe deine Antwort.**

! **Lösung**

Der Zellkern regelt die Merkmalsausbildung. Er enthält die Erbinformation, die den Stoffwechsel so ablaufen lässt, dass sich bestimmte Merkmale entwickeln, in diesem Fall eine bestimmte Form des Hutes.

Begründung: Das Wurzelstück von *A. wettsteinii* mit dem Stielstück von *A. mediterranea* bildet einen Hut aus, wie er für *A. wettsteinii* typisch ist. Die Information über die Art des Hutes liegt also offensichtlich nicht im Stielstück, sondern im Wurzelbereich. Das weist auf die Richtigkeit der Annahme hin, dass die Information aus dem Zellkern kommt, denn der liegt ja im Wurzelbereich der Zelle.

Aufgabe 5

Im Schema ist der Feinbau der Zelle dargestellt.

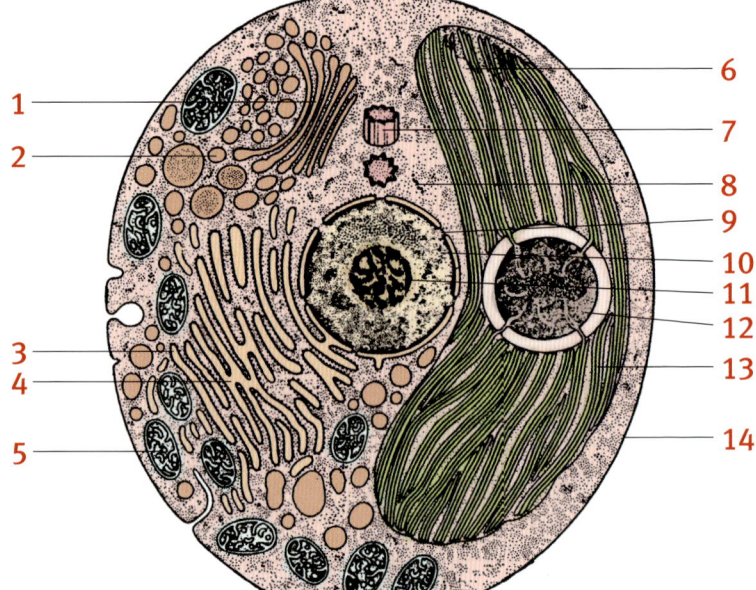

? a) **Beschrifte die Abbildung.**

b) **Nenne die Strukturen, die man im Lichtmikroskop sehen kann.**

c) **Die dargestellte Zelle unterscheidet sich im Bau von den meisten anderen Typen pflanzlicher Zellen. Nenne solche Unterschiede.**

! **Lösung**

a)
1 Dictyosom (Golgi-Apparat)
2 Vesikel (Golgi-Vesikel, Lysosom o. ä.)
3 Ribosom (am ER, raues ER)
4 Endoplasmatisches Reticulum (ER)
5 Mitochondrium
6 Matrix (Stroma) des Chloroplasten
7 Centriol (Zentralkörperchen, Zentrosom)
8 Ribosomen (frei)
9 Kernporen
10 Zellkern
11 Nucleolus
12 Stärkekorn
13 Thylakoid des Chloroplasten
14 Zellgrenzmembran

b) Im Lichtmikroskop sichtbar sind:
− Zellkern
− Mitochondrien
− Chloroplast (mit Stärkekorn)
− Centriol
− große Vesikel
− Nucleolus

c) Die meisten Pflanzen haben mehr als einen Chloroplasten. Außerdem sind sie in der Regel mit einer festen Zellwand aus Zellulose umgeben. Diese fehlt in der abgebildeten Zelle. Centriolen kommen nur bei wenigen Pflanzengruppen und bestimmten Zelltypen der Pflanzen vor.

Aufgabe 6

Das Schema zeigt die räumliche Darstellung eines Zellbereichs jeder eukaryotischen Zelle.

a) Nenne die Fachbezeichnung dieses Bereichs.

b) Beschreibe in Stichworten Vorgänge, durch die sich dieser Zellbereich in einer lebenden Zelle ständig ändert.

c) Nenne zwei Aufgaben, die der dargestellte Zellbereich erfüllt.

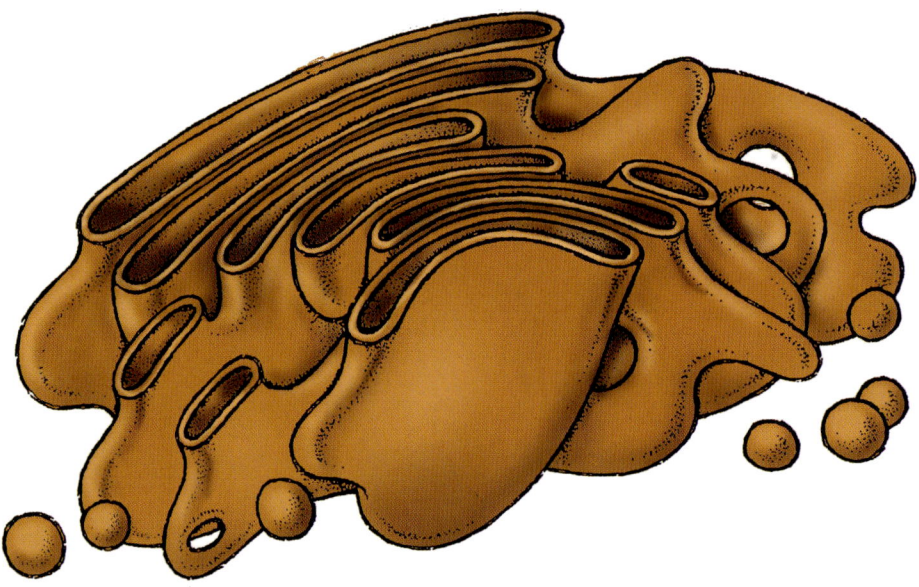

Lösung

a) Dargestellt ist ein Dictyosom, ein Bereich aus dem Golgi-Apparat der Zelle.

b) Dictyosomen bestehen aus Stapeln von flachen Räumen, die von Membranen umschlossen sind. Diese Bereiche werden auf der einen Seite ständig durch Vesikel vergrößert, die vom Endoplasmatischen Retikulum abgeschnürt wurden und sich den Membranen der Dictyosomen anschließen. Auf der gegenüberliegenden Seite schnüren sich ständig Bläschen ab, so dass sich die Membranräume des Dictyosoms verringern.

c) Wichtige Aufgaben des Dictyosoms sind:
- Umwandlung, Sortierung und Speicherung von Substanzen, die vom Endoplasmatischen Retikulum geliefert wurden. Das sind v. a. Proteine. Z. B. werden hier Membranproteine mit Zuckerketten versehen.
- Bildung von Sekreten, die später aus der Zelle ausgeschieden werden sollen.
- Erhöhung der Konzentration von Substanzen (z. B. des Enzyms Lysozym, das später in Lysosomen den Golgi-Apparat verlässt)
- Bildung verschiedener Kohlenhydrate, bei Pflanzenzellen u. a. auch Bestandteile der Zellwand.

Aufgabe 7

Die Zeichnung ist nach einem Foto angefertigt, das im Elektronenmikroskop bei 70000facher Vergrößerung aufgenommen wurde.

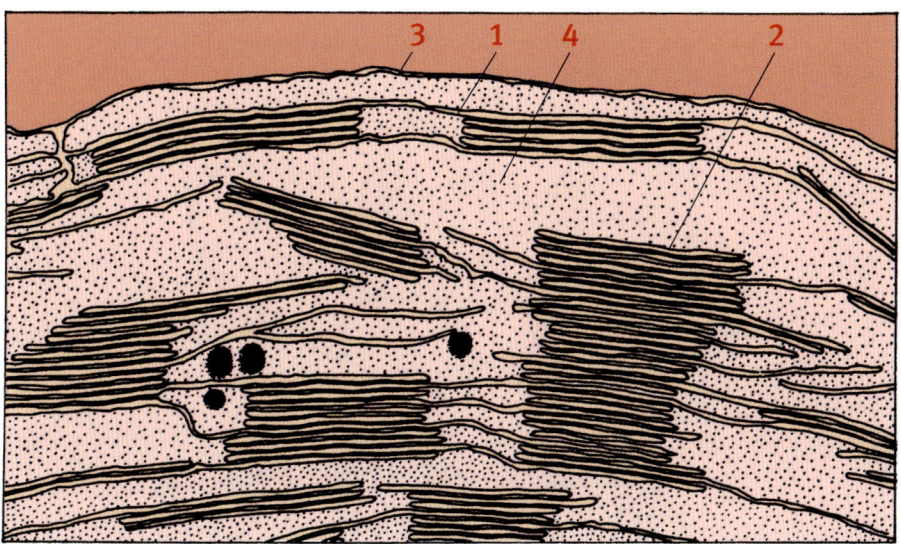

? a) Nenne den Bereich der Zelle, aus dem das Foto stammt.

b) Nenne die Fachbegriffe für die mit Ziffern gekennzeichneten Stellen.

c) Nenne die Prozesse, die an der Stelle 2 ablaufen.

! **Lösung**

a) Das Foto zeigt einen Ausschnitt aus dem Chloroplasten einer höheren Pflanze.

b)
1 Stromathylakoid
2 Grana
3 Doppelmembran (Grenze des Chloroplasten)
4 Stroma (Matrix)

c) Die Chloroplasten sind die Orte der Photosynthese. Die Lichtreaktion läuft an den inneren Membranen ab, vor allem in den Grana, die Dunkelreaktion im Stroma.

Aufgabe 8

In der Abbildung ist ein bestimmtes Zellorganell im räumlichen Modell dargestellt. Das Modell ist zum Teil aufgeschnitten.

? a) **Nenne die Fachbezeichnung für das dargestellte Organell. Beschrifte die Abbildung.**

b) **Nenne die Fachbezeichnung und den genauen Ort der Vorgänge, die in diesem Organell ablaufen.**

c) **Nenne aus der Liste der unten aufgeführten Zelltypen die, in denen solche oder ähnliche Organellen zu finden sind.**

   – Bakterien
   – Pilz-Zellen
   – tierische Zellen
   – pflanzliche Zellen

d) Beschreibe die Vermehrung dieses Organells und begründe kurz, warum diese Art der Vermehrung möglich ist.

e) Nenne ein anderes Organell, das einen ähnlichen Aufbau hat wie das abgebildete und stelle die Gemeinsamkeiten in Stichworten dar.

! Lösung

a) Abgebildet ist das Modell eines Mitochondriums.

b)
1 Äußere Membran
2 Innere Membran
3 Matrix

An der Inneren Membran laufen große Teile der Zellatmung ab (Zitronen-säurezyklus und Endoxidation). Mitochondrien werden deshalb häufig als die „Kraftwerke der Zelle" bezeichnet.

c) Mitochondrien findet man in allen Zellen außer in Bakterien (auch Pflanzen-zellen betreiben Zellatmung, haben also Mitochondrien).

d) Mitochondrien vermehren sich durch Querteilung oder durch Abschnüren kleiner Teile.
Begründung: Sie steuern und betreiben einen Teil ihres Stoffwechsels und ihrer Vermehrung durch eigene Ribosomen und DNA.

e) Chloroplasten sind ähnlich wie Mitochondrien aufgebaut (Doppel-membran, Innere Membran stark eingestülpt, eigene DNA und Ribosomen, Fähigkeit zur eigenständigen Vermehrung).

Aufgabe 9

In der Abbildung ist ein Blick auf die Innenseite einer durchsichtig gedachten Membran gezeichnet, die zum rauen ER gehört. Die hellgrünen und gelben Struk-turen liegen auf der dem Betrachter abgewandten, äußeren Seite der Membran.

a) Nenne die Bezeichnungen für die mit Buchstaben gekenn-zeichneten Strukturen.

b) Nenne den Vorgang, der in der Abbildung dargestellt ist.

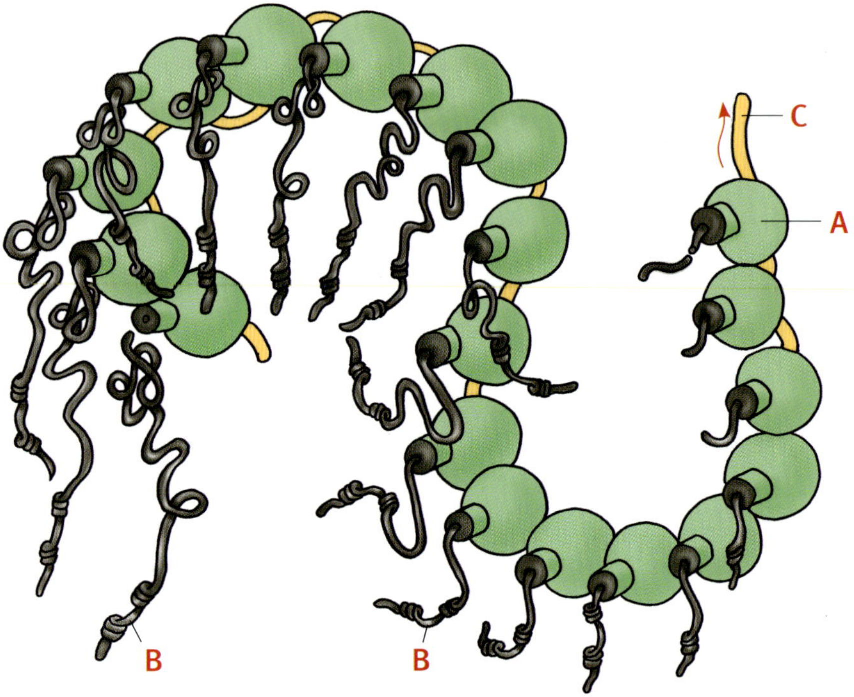

Lösung

a)
A Ribosom
B Aminosäurekette (Polypeptid, Protein)
C mRNA (messenger-RNA)

b)
An den Ribosomen des rauen ER läuft die Proteinbiosynthese ab.

Aufgabe 10

In der Abbildung siehst du in starker Vergrößerung ein EM-Bild aus dem Grenzbereich zwischen dem Zellkern und dem Cytoplasma.

? a) **Deute die beiden annähernd parallel verlaufenden dunklen Linien des Bildes.**

b) **Nenne die Fachbezeichnung für die mit „F" gekennzeichneten Strukturen und beschreibe sie mit einem Satz.**

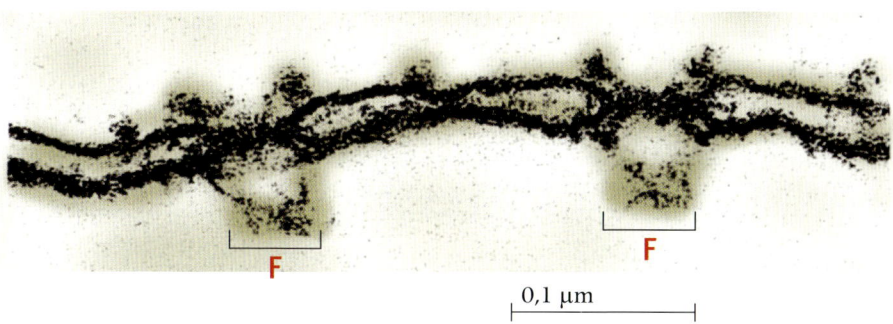

F

F

0,1 μm

! Lösung

a) Die beiden parallel verlaufenden dunklen Linien sind die Kernhülle. Sie besteht aus einer Doppelmembran.

b) Mit „F" sind die Kernporen gekennzeichnet. Das sind kleine Öffnungen in der Kernhülle.

Aufgabe 11

? a) Nenne die Bezeichnung für den Bestandteil der Zelle, der in diesem EM-Bild zu erkennen ist.

b) Erkläre die mit Pfeilen markierten dunklen Punkte und die Linien im Inneren der abgebildeten Struktur.

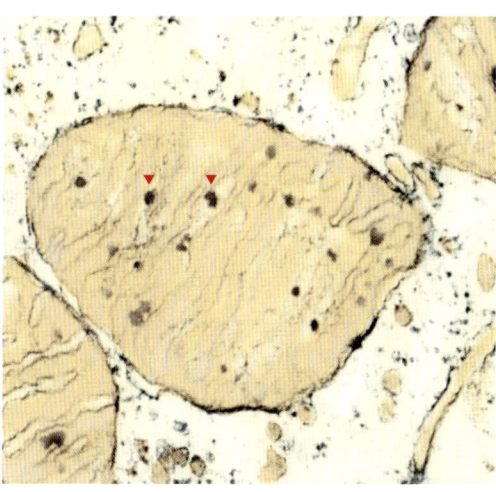

! Lösung
● a) Das EM-Bild zeigt ein Mitochondrium.

b) Die Pfeile zeigen auf Ribosomen. Mitochondrien haben einen eigenen Proteinsyntheseapparat, zu dem die Ribosomen als wichtiger Bestandteil gehören. Außerdem enthalten sie auch eigene DNA.

Die Ribosomen, die DNA und andere Bestandteile weisen darauf hin, dass Mitochondrien ehemals selbstständige, frei lebende Zellen waren. Nach der Endosymbiontentheorie lassen sich die Mitochondrien erklären als pro- karyotische Zellen (Zellen ohne Zellkern), die sehr früh in der Evolution von den Vorläufern der heutigen Eukaryoten (Zellen mit Zellkern) durch eine Endocytose aufgenommen wurden. Die Endocytose ist ein Vorgang bei der ein Partikel oder eine Substanz im Außenraum von einem Bereich der Zellgrenzmembran umhüllt wird, so dass sich ein nach innen gestülptes Bläschen ergibt. Dieses Bläschen löst sich dann von der Zellgrenzmembran und wandert in den Zellinnenraum. Mitochondrien sind von einer Doppel- membran umgeben. Die Linien im Inneren sind Einstülpungen der inneren Hüllmembran. Sie entspricht der ursprünglichen Hüllmembran der aufge- nommenen prokaryotischen Zelle.

Aufgabe 12

In der Neuen Zürcher Zeitung vom 17.10.2007 erschien ein Artikel unter der Über- schrift: „Klare Sicht in die Zelle – Lichtmikroskopie jenseits der Abbeschen Auflö- sungsgrenze". Die Abbesche Auflösungsgrenze ist abhängig von der Wellenlänge des Lichts.

In diesem Zeitungsbericht heißt es u. a.:

„Doch dessen Wellenlänge begrenzt die Auflösung der Abbildung, wie ERNST ABBE 1873 erkannte: Liegen zwei Punkte dichter zusammen als 200 Nanometer, verschwimmen sie unter dem Lichtmikroskop zu einem einzigen Fleck. Zum Grös- senvergleich: Ein Grippevirus misst etwa 100 Nanometer; Ribosomen, die Eiweiss- fabriken unserer Körperzellen, rund 25 Nanometer. Über hundert Jahre lang galt die Abbesche Auflösungsgrenze als unüberwindbar. Nun soll in Kürze das erste Lichtmikroskop auf den Markt kommen, das sie durchbricht."

Anmerkung: in der ersten Zeile ist die Wellenlänge des Lichts gemeint.

Neue Zürcher Zeitung, 17.10.2007.

Ein Transmissions-Elektronenmikroskop unterschreitet ebenfalls die im Artikel angegebene Auflösungsgrenze, bietet aber aus bestimmten Gründen nicht die glei- chen Vorteile wie das neue Lichtmikroskop.

? Stelle dar, warum ein Lichtmikroskop mit einem Auflösungsvermögen, das 200 Nanometer unterschreitet, in der biologischen und medizinischen Forschung wichtige neue Erkennt-
nis möglich machen könnte.

! Lösung

Im Transmissionselektronenmikroskop lassen sich nur tote Organismen
und ihre Bestandteile untersuchen. Unter anderem liegt das daran, dass das
Objekt im Elektronenmikroskop in einem Vakuum liegen muss. Den Ablauf
von Vorgängen in Zellen kann man daher nicht direkt beobachten.

Die Herstellung der Präparate ist sehr aufwändig. Zuweilen entstehen
dabei Strukturen, die später das Bild verfälschen können. Manchmal ist
nicht zu unterscheiden, ob Einzelheiten des Bildes in lebenden Zellen oder
Organismen tatsächlich vorhanden sind oder ob sie erst bei der Herstellung
der Präparate entstanden sind.

Weil im Elektronenmikroskop kein Licht verwendet wird, ist das Bild
nicht farbig.

Ein Lichtmikroskop, in dem das Auflösungsvermögen so stark gesteigert
ist, wie es im Zeitungsartikel geschildert wurde, ist für die biologische und
medizinische Forschung vor allem von großem Gewinn, weil sich lebende
Zellen mit ihren Abläufen beobachten lassen und die Gefahr der künstlich
durch die Präparation erzeugter und möglicherweise die Interpretation stö-
render Strukturen geringer wird.

Aufgabe 13

Das Schema ist nach einem elektronenmikroskopischen Bild gezeichnet. Es zeigt einen
Ausschnitt aus einer Leberzelle des Menschen bei ca. 24 000-facher Vergrößerung.

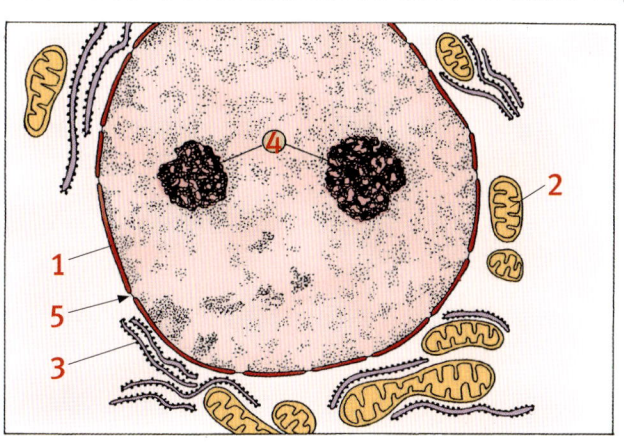

? **Nenne die Fachbezeichnungen für die mit Ziffern gekenn-zeichneten Zellbereiche.**

! **Lösung**
1 Kernhülle (Doppelmembran)
2 Mitochondrium
3 Raues Endoplasmatisches Retikulum (ER)
4 Nucleolus
5 Kernpore

Aufgabe 14

Eine Zelle mit einer Länge von 24 µm Länge wird im Ultramikrotom in äußerst dünne Scheiben geschnitten. Die Scheiben haben eine Dicke von 40 nm.

? **Berechne die Zahl der Scheiben (Schnitte), die sich aus der Zelle maximal schneiden lassen.**

! **Lösung**
1 µm entspricht 1000 nm. 24 µm entsprechen daher 24 000 nm.
24 000 : 40 = 600

Bei einer Dicke von 40 nm lässt sich die Zelle in 600 Scheiben zerlegen.

Aufgabe 15

Im Schema soll der typische Aufbau einer Zellmembran gezeigt werden. Die Zeichnung ist so angeordnet, dass der Zellaußenraum oben im Bild zu denken ist und das Cytoplasma sich an die untere Kante der Membran anschließt.

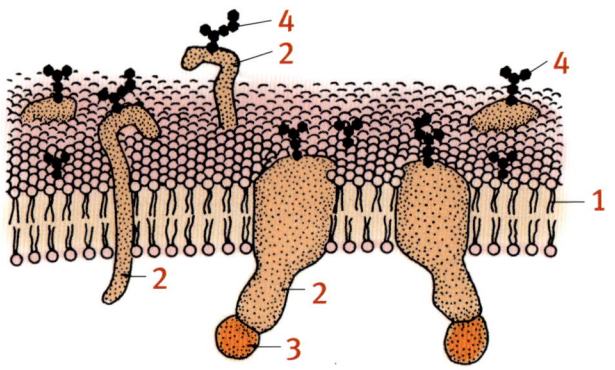

? **a) Benenne mit Fachbegriffen die Bestandteile der Membran.**

b) Beschreibe kurz vier verschiedene Aufgaben, die die mit 2 und 3 bezeichneten Strukturen erfüllen können.

! **Lösung**

a)
1 Lipid-Molekül
2 integrales Protein
3 peripheres Protein
4 Kohlenhydrat

b) Mögliche Aufgaben der Proteine sind unter anderem:
- Stofftransport durch die Membran (vor allem von wasserlöslichen Substanzen). Diese Proteine sorgen für die selektive Permeabilität der Membran.
- „Erkennung" bestimmter Substanzen (Rezeptormoleküle). Diese Proteinmoleküle führen bei Kontakt mit für sie spezifischen Substanzen (z. B. Hormonen) Veränderungen der Membran oder des Zellinnenraumes herbei.
- Bildung eines spezifischen Musters der Membranoberfläche, das unter anderem in der Immunreaktion oder beim Kontakt mit Nachbarzellen von Bedeutung sein kann.
- Katalyse von chemischen Reaktionen. Viele Proteine in der Membran wirken als Enzyme, z. B. einige Enzyme der Zellatmung.

Aufgabe 16

? **Beschreibe, wie in der Zelle getrennt werden:**
a)   plasmatische Bereiche von nichtplasmatischen;

b)   plasmatische Bereiche von andersartigen, aber ebenfalls plasmatischen Bereichen.

Nenne jeweils zwei Beispiele.

! Lösung

a) Plasmatische Bereiche werden von nichtplasmatischen durch eine einfache Membran getrennt.
Beispiele: Abgrenzung des Inhalts:
– der Vakuolen gegen das Cytoplasma
– der Dictyosomen und Golgi-Vesikel gegen das Cytoplasma
– der Lysosomen gegen das Cytoplasma

b) Plasmatische Bereiche werden von andersartigen plasmatischen Bereichen durch eine Doppelmembran getrennt.
Beispiele: Abgrenzung des Inhalts:
– der Mitochondrien gegen das Cytoplasma
– der Plastiden (Chloroplasten u. a.) gegen das Cytoplasma
– des Zellkerns gegen das Cytoplasma

Aufgabe 17

Nystatin und Filipin sind Antibiotika. Sie töten Bakterien ab, indem sie winzige Löcher in der Lipidschicht ihrer Membranen erzeugen.

? Erkläre die Folgen für eine Bakterienzelle, wenn sie mit diesen Antibiotika behandelt wurde.

! Lösung

Die Zellgrenzmembran schirmt das Bakterium gegen den Außenraum ab. Die meisten Substanzen können nur durch bestimmte Porenproteine und besondere Transportvorgänge durch die Lipid-Doppelschicht der Grenzmembran in die Zelle eindringen oder sie verlassen. Die Zelle kann auf diese Weise Ein- und Ausstrom von Stoffen kontrollieren und regulieren. Diese selektive Permeabilität der Membran geht verloren, wenn sich durch die Behandlung mit Nystatin oder Filipin Löcher in der Lipid-Doppelschicht bilden. Die Zelle kann die Vorgänge ihres Stoffwechsels nicht mehr geordnet ablaufen lassen und stirbt daher.

Aufgabe 18

In einem Experiment bestimmt man die Zahl der in einer kleinen Blutprobe enthaltenen Roten Blutkörperchen und anschließend die gesamte Oberfläche dieser Zellen. Danach löst man die Lipide aus ihrer Membran und tropft sie vorsichtig auf eine Wasseroberfläche. Auf dem Wasser bildet sich dadurch eine Schicht aus aneinander gereihten Molekülen. Diese Schicht ist doppelt so groß wie die errechnete Oberfläche der Roten Blutkörperchen.

? **Erkläre, warum die Lipidschicht auf dem Wasser doppelt so groß ist wie die Oberfläche aller in der Blutprobe enthaltenen Roten Blutkörperchen.**

! **Lösung**

Wie alle Zellen grenzen sich Rote Blutkörperchen gegen den Außenraum mit einer Membran ab. Diese Zellgrenzmembran besteht wie alle Membranen aus einer Doppelschicht von Lipiden, in die Proteine eingebettet sind und auf der Proteine aufliegen. Dabei stehen sich die Lipidmoleküle der Doppelschicht mit ihren hydrophoben Enden gegenüber, die hydrophilen Enden sind nach außen gerichtet. Isolierte Lipide wenden ihr hydrophobes Ende vom Wasser ab und richten sich so aus, dass das hydrophile Ende ins Wasser hineinragt. Dadurch bildet sich eine einfache Lipidschicht auf der Wasseroberfläche. Wenn die Lipide ein Rotes Blutkörperchen einhüllen, bilden sie eine Doppelschicht, auf dem Wasser aber nur eine einfache. Die Zahl der Lipidmoleküle, die die Zellgrenze der Roten Blutkörperchen bildet, reicht daher für die zweifache Fläche auf dem Wasser aus.

Aufgabe 19

Viren müssen, bevor sie in eine Zelle eindringen können, Kontakt mit der Zelloberfläche aufnehmen, sie müssen an die Zelle „andocken". Dazu verbinden sich nach dem Schlüssel-Schloss-Prinzip bestimmte Moleküle auf den Oberflächen der Viren mit entsprechenden auf der Membran der Zelle. Bei den Viren stellen bestimmte Protein, die Lektine die Schlüssel dar. Sie passen in die Schlösser der Zellen, die als Zuckerketten aus der Zellmembran nach außen vorstehen.

Die Zelle kann solche Schlüssel-Schloss-Kontakte außer mit Viren auch mit anderen Zellen, mit Bakterien oder mit Antikörpern eingehen. Die nach dem Kontakt ablaufenden Vorgänge können sehr verschieden sein.

Der Biochemikerin THISPE, K. LINDHORST ist es an Universität Hamburg gelungen, einfache, nicht an die Zellmembran gebundene Zucker zu synthetisieren, die denen auf der Zellmembran sehr ähnlich sind und die an die Lektine andocken können. Die Forscherin nennt diese Zucker „Glycomimetica".

? **a) Stelle eine Hypothesen auf, wie sich Glycomimetica für die Behandlung von Infektionen, z. B. zur Bekämpfung von Viren, nutzen ließen.**

b) Erläutere die Nachteile, die mit dem Einsatz von Glycomimetica verbunden sein könnten.

c) Erste Tests zur Wirksamkeit der Glycomimetica wurden an Roten Blutkörperchen von Meerschweinchen durchgeführt.

Ein Vorversuch ist im Folgenden dargestellt:
Rote Blutkörperchen werden im Reagenzglas mit E. coli-Bakterien vermischt. Die Lektine der Bakterien docken sofort an entsprechende Zuckerketten der Roten Blutkörperchen an. Infolge dessen werden viele Rote Blutkörperchen über die Bakterien miteinander verbunden. Die Bakterien wirken wie ein Klebstoff zwischen den Roten Blutkörperchen. Auf diese Weise kommt es zu einer Verklumpung der Roten Blutkörperchen (Agglutination).

? **Beschreibe den Verlauf und das Ergebnis eines Versuchs, mit dem die Wirksamkeit der Glycoproteine nachgewiesen werden könnte.**

Spektrum der Wissenschaft, 3/2000.

! Lösung
a) Glycomimetica könnten die in den Körper eingedrungenen Viren in die Irre führen. Die Glycomimetica könnten an die Lektine, die Kontaktproteine der Viren, andocken und sie so blockieren. Viren mit bereits besetzten Lektinen könnten keinen Kontakt mehr mit der Zellmembran der Körperzellen aufnehmen und daher auch nicht in die Zelle eindringen.

Viren können sich nur vermehren, indem sie den Proteinsyntheseapparat von Zellen benutzen. Wenn man sie durch die Blockade ihrer Lektine daran hindert, mit der Zellgrenzmembran Kontakt aufzunehmen, können sie nicht mehr in die Zellen eindringen. Sie können sich dann nicht vermehren, und es kommt in Folge dessen auch zu keinen Schädigungen der Zellen.

b) Die Blockade der Lektine auf der Oberfläche der Viren durch die Glycomimetica könnte zwar verhindern, dass die Viren in ihre Wirtszellen eindringen, aber es ist denkbar, dass dadurch auch der Kontakt mit Zellen des Immunsystems nicht mehr möglich ist. Dadurch könnte eine gegen die Viren gerichtete Immunreaktion ausbleiben.

Außerdem könnten die Glycomimetica Kontakte zwischen den Zellen des Organismus stören. Die künstlichen Zucker könnten nämlich auch Lektine der Zelloberflächen des eigenen Organismus besetzen und sie so für die Zuckermoleküle der Membranen anderer Zellen nicht mehr zugänglich machen. Es ist nicht auszuschließen, dass dadurch wichtige Vorgänge in den Geweben und Organen des Körpers verändert oder unterbunden werden.

c) Ein geeigneter Versuch könnte so ablaufen:

E-coli-Bakterien werden mit Glycomimetica behandelt. Dabei müssen Glycomimetica verwendet werden, die solche Lektinen der Bakterien besetzen, die an die entsprechenden Zuckermoleküle der Roten Blutkörperchen andocken können.

Wenn die Glycomimetica wirksam sind, dürfen E-coli-Bakterien, die so behandelt wurden, keine Agglutination der Roten Blutkörperchen mehr hervorrufen können. Die Lektine der Bakterien sind durch die Glycomimetica blockiert und daher nicht mehr in der Lage, an die Zuckermoleküle der Roten Blutkörperchen anzudocken. Die Bakterien können nicht mehr als Klebstoff wirken, die klebenden Stellen haben ihre Wirkung verloren, und daher bleibt auch die Agglutination der Roten Blutkörperchen aus.

Zelltypen

Aufgabe 20

Die Abbildungen auf der folgenden Seite zeigen verschiedene Zelltypen.

a) Welche Zellen stammen aus Pflanzen?

b) Welche Zellen findet man bei Tieren oder im menschlichen Körper?

c) Einige der abgebildeten Pflanzenzellen haben nicht alle für pflanzliche Zellen typische Merkmale. Nenne solche Zellen.

Nenne die Baumerkmale von Pflanzenzellen, die diesen Zellen fehlen. Begründe, warum sie trotzdem zu den Pflanzenzellen gerechnet werden.

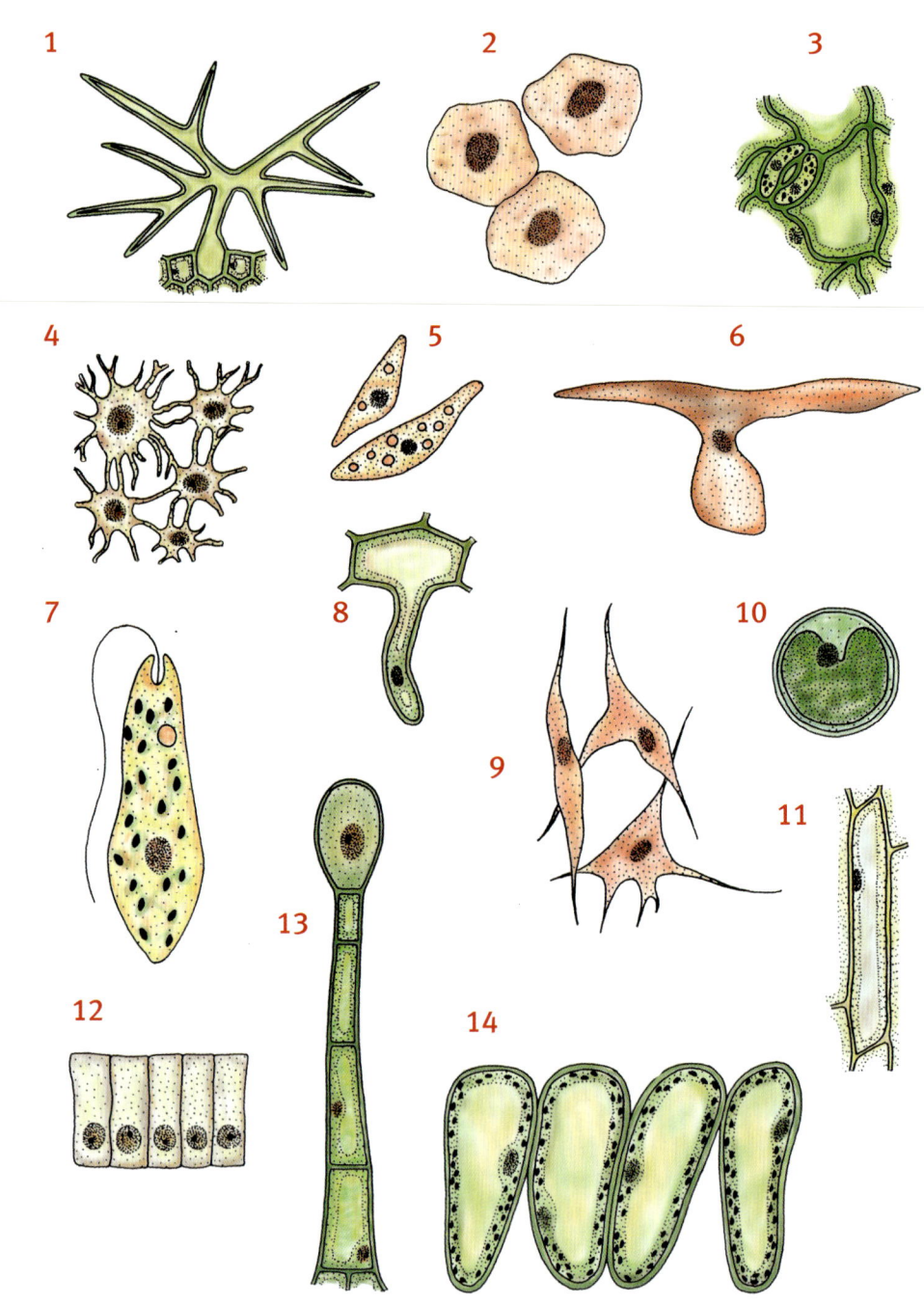

1

2

3

4

5

6

7

8

10

9

11

13

12

14

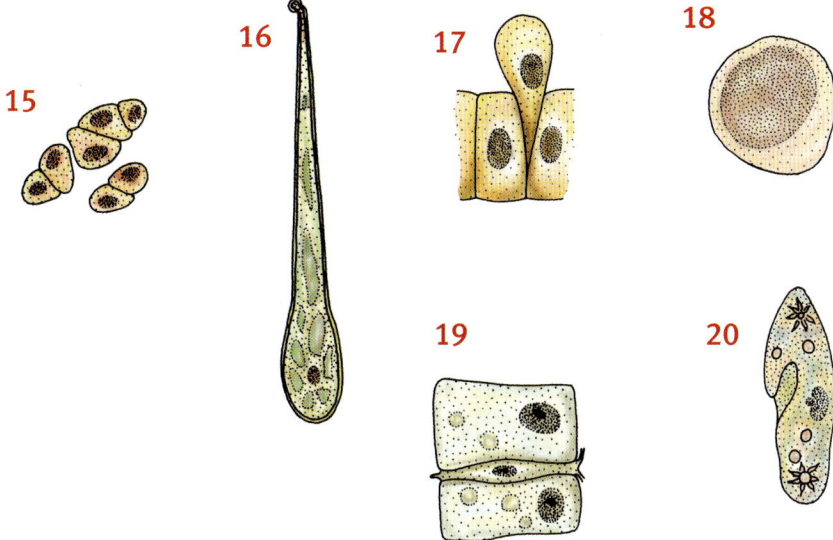

15   16   17   18   19   20

Lösung

a) Pflanzliche Zellen sind 1, 3, 7, 8, 10, 11, 13, 14, 16.

b) Tierische (oder menschliche) Zellen sind 2, 4, 5, 6, 9, 12, 15, 17, 18, 19, 20.

c) Die Zellen 8, 11, 13, 16 haben keine Blattgrünkörner (Chloroplasten). Alle besitzen aber eine Zellwand aus Zellulose und einen Zellsaftraum (Vakuole).
   Die Zelle 10 hat keinen Zellsaftraum (Vakuole), aber eine feste Zellwand und ein einziges, großes Blattgrünkorn (Chloroplast).
   Die Zelle 7 hat keinen Zellsaftraum (Vakuole) und keine feste Zellwand aus Zellulose, aber mehrere, normal geformte Chloroplasten (Blattgrünkörner).
   Die Zelle 1 hat kein Plasma (außer den kleinen Zellen unten in der Abbildung) und daher auch keine Blattgrünkörner (Chloroplasten). Außerdem fehlt der Zellsaftraum (Vakuole). Die Zelle ist tot. Nur die Zellwand ist von der ehemaligen Zelle übrig geblieben.

Zusatz:

Genauere Angabe der Herkunft der abgebildeten Zellen:

1 Pflanzenhaar (einzellig, verzweigt) von *Matthiola incana*
2 Mundschleimhautzellen des Menschen
3 Spaltöffnungen und Hautzellen aus der Epidermis eines Laubblattes
4 Knochenzellen des Menschen

5 Wanderzellen aus einem Schwamm
6 Muskelzelle eines Spulwurms
7 Augentierchen (*Euglena*, einzellige Alge)
8 Wurzelhaarzelle einer Pflanze
9 Bindegewebszellen aus dem Embryo eines Hühnchens
10 *Chlorella* (einzellige Alge)
11 Zellen aus der Zwiebelschuppenhaut
12 Integument (Körperhülle) von *Branchiostoma* (Lanzettfischchen)
13 Drüsenhaar des Salbei
14 Zellen aus dem Palisadenparenchym eines Laubblattes
15 Knorpelzellen des Menschen
16 Brennhaar der Brennnessel
17 Mitteldarmzellen eines Insekts
18 Großer Lymphocyt des Menschen (ein Typ von Weißen Blutkörperchen)
19 Zellen aus der äußeren Zellschicht von *Hydra* (Süßwasserpolyp)
20 Pantoffeltierchen

Aufgabe 21

? **Welche der aufgeführten Teile sind in einer tierischen Zelle vorhanden?**

– Zellsaftraum (Vakuole)
– Zellkern
– Zellwand
– Innere Zellhaut (= Tonoplast, = Innere Zellmembran)
– Blattgrünkörner (= Chloroplasten)
– Zellplasma (= Cytoplasma)

! **Lösung**
Vorhanden sind:
– Zellkern
– Zellplasma

Zusatz:
Der Zellsaftraum, die Innere Zellhaut, die Blattgrünkörner und die Zellwand sind typische Bestandteile der pflanzlichen Zelle.

Die tierische Zelle ist von einer Membran (Zellhaut) umgeben (Zellgrenzmembran). Sie entspricht der Äußeren Zellhaut der pflanzlichen Zelle
(= Äußere Zellmembran, = Plasmalemma).

Aufgabe 22

Die Alge *Euglena*, gelegentlich auch als „Augentierchen" bezeichnet, kann bei Zufuhr von organischen Verbindungen (z. B. einer Zuckerlösung) auch im Dunkeln leben und sich durch Mitosen vermehren. Bei Licht betreibt *Euglena* in ihren Chloroplasten Photosynthese, verhält sich also wie eine Pflanze. In der Dunkelheit ernährt sie sich wie ein Tier, sie nimmt organische Nährstoffe (Zucker u. a.) auf.

Wenn man Euglenen in einer organischen Nährlösung dunkel hält, teilen und vermehren sie sich. Die in ihnen enthaltenen Chloroplasten sind jedoch unter solchen Bedingungen nicht teilungsfähig. Nach einiger Zeit treten daher in zunehmender Zahl farblose Zellen auf, in denen unter dem Lichtmikroskop keine Chloroplasten mehr zu finden sind.

Auf diese Weise chloroplastenfrei gewordene Zellen ergrünen wieder, wenn man sie im Licht und in einem rein anorganischen Nährmedium hält. Unter dem Lichtmikroskop lassen sich in ihnen dann wieder Chloroplasten nachweisen.

? **Erkläre, woher die Chloroplasten stammen, die nach der Dunkelhaltung wieder auftreten, wenn man die Euglenen in einer anorganischen Nährflüssigkeit und bei Licht hält.**

Hofmann, U. und M. Schwerdtfeger: ...und grün des Lebens goldner Baum. Lustfahrten und Bildungsreisen im Reich der Pflanzen, 1998.

! **Lösung**

Die Chloroplasten sind zwar während der Dunkelhaltung zurückgebildet worden, aber in jeder Zelle, auch in den farblosen *Euglena*-Zellen, sind noch Proplastiden vorhanden. Aus Proplastiden können sich Chloroplasten bilden, wenn die Zelle mit Licht bestrahlt wird. Proplastiden sind so klein, dass sie unter dem Lichtmikroskop nicht sichtbar sind.

Aufgabe 23

Die Chloroplasten der Dinoflagellaten, einer Gruppe einzelliger Algen, sind von drei Membranen umgeben. Die innerste Membran bildet die Thylakoide.

? **Stelle Vermutungen darüber an, wie die dreifach vorhandene Membran bei den Chloroplasten der Dinoflagellaten zu erklären ist.**

Naturwissenschaftliche Rundschau, 5/2000.

! Lösung

Ein normaler, von nur einer Doppelmembran umgebener Chloroplast ist sehr wahrscheinlich in der Stammesgeschichte dadurch entstanden, dass eine Zelle eine weitere in sich aufgenommen hat. Man bezeichnet diese Erklärung als die Endosymbiontentheorie. Die äußere Membran eines solchen Chloroplasten stammt von dem Bläschen (Vesikel), das sich bei der Aufnahme durch Endocytose aus der Zellgrenzmembran der aufnehmenden Zelle gebildet hat.

Wenn man eine solche Endosymbiose ein zweites Mal annimmt, bei dem aber ein bereits von einer Doppelmembran umgebener Chloroplast aufgenommen wird, ließe sich diese dritte Membran erklären. In einer Art sekundärer Endosymbiose hätten die Dinoflagellaten einen Chloroplasten mit zwei Membranen von außen durch eine Endocytose aufgenommen. Die dritte Membran wäre dann der ehemalige Teil der Zellgrenzmembran des Dinoflagellaten, der den Chloroplasten aufgenommen hat.

Denkbar wäre auch, dass in der sekundären Endosymbiose nicht isolierte Chloroplasten aufgenommen wurden, sondern ganze Zellen, von denen nur die Chloroplasten übrig geblieben sind.

Aufgabe 24

Pflanzenzellen und tierische Zellen unterscheiden sich nicht nur im Bau, sondern auch in den Anteilen der verschiedenen chemischen Substanzen, die sie enthalten.
In den Diagrammen sind die Anteile an Fetten, Eiweißen und Kohlenhydraten für Pflanzen- und Tierzellen als Durchschnittswerte angegeben. Wasser ist als weiße Fläche, anorganische Substanzen als schwarze Fläche gekennzeichnet.

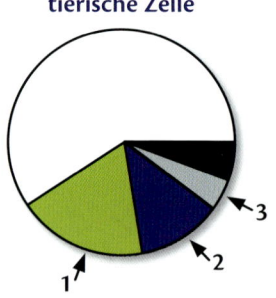

tierische Zelle

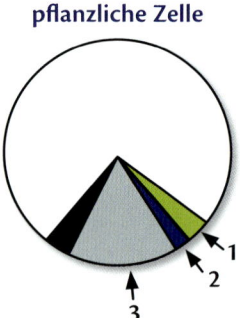

pflanzliche Zelle

? Ordne die mit Ziffern gekennzeichneten Bereiche folgenden Gruppen von Substanzen zu:
- Fette
- Eiweiße
- Kohlenhydrate

! Lösung
- 1 Eiweiße
  2 Fette
  3 Kohlenhydrate

Vorgänge in der Zelle

Aufgabe 25

Amöben, das sind einzellige Tiere (tierische Protozoen), können durch Bewegung ihres Zellplasmas und der Zellgrenzmembran feste Partikel außerhalb der Zelle einschließen und so aufnehmen. Meistens handelt es sich dabei um Nahrungsteilchen, die nach der Aufnahme im Cytoplasma verdaut werden. Wie die Aufnahme und Verdauung geschieht, zeigt das Schema.

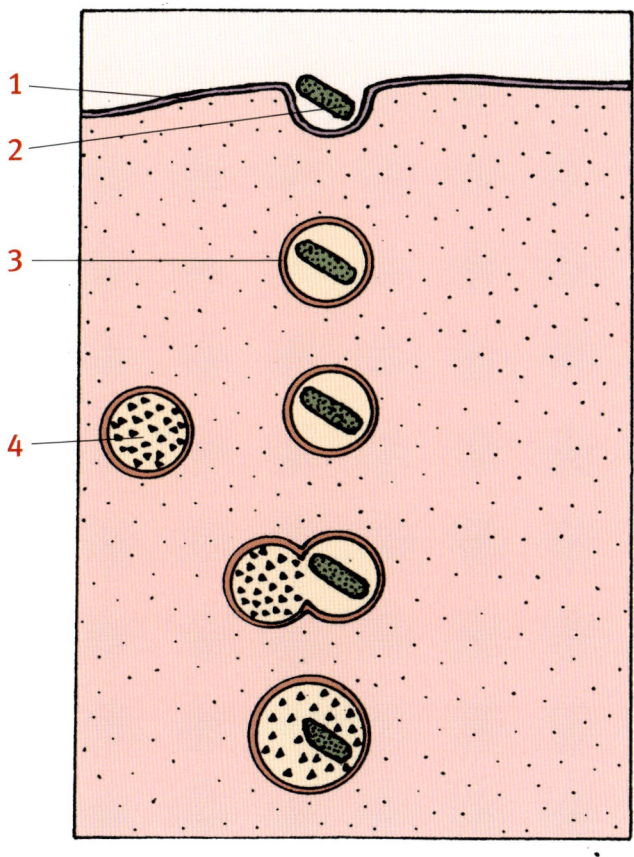

? **a) Beschrifte das Schema.**

b) Beschreibe die dargestellten Vorgänge und gib an, von welchem Zellorganell die mit 4 bezeichnete Struktur stammt.

! **Lösung**

a)

1 Zellgrenzmembran

2 Membran des Bakteriums

3 Membran des Vesikels (ehemaliger Teil der Zellgrenzmembran)

4 Lysosom

b) Durch Bewegungen umschließt die Zellgrenzmembran das Bakterium und schnürt dabei ein Vesikel ab. Das Vesikel wandert in den Innenraum der Zelle und vereinigt sich mit einem Lysosom. Lysosomen enthalten Enzyme, die abbauende Vorgänge katalysieren (Lysozyme). Daher wird das Bakterium, sobald es mit dem Inhalt des Lysosoms in Kontakt gerät, abgebaut (verdaut).

Lysosomen sind Bläschen, die sich von Dictyosomen (Golgi-Apparat) abgeschnürt haben. Die Enzyme in ihnen wurden an Ribosomen gebildet und in Dictyosomen chemisch verändert.

Aufgabe 26

Das *Semliki-Forest-Virus* ist ein gut untersuchter Parasit in tierischen Zellen. Man hat recht genaue Vorstellungen davon, wie die Viren in die Zelle aufgenommen werden und wie sie wieder nach außen gelangen. Auch über die Vorgänge bei der Bildung der Viren weiß man gut Bescheid.

Ein *Semliki-Forest-Virus* innerhalb der Zelle ist anders gebaut als außerhalb. Im Cytoplasma besteht ein Virus aus einer einfachen Proteinhülle, die ein RNS-Molekül umgibt. Ein freies Virus außerhalb der Zelle hat eine zusätzliche zweite Hülle. Sie besteht aus Lipiden, die auch in der Membran der Zelle vorkommen, und aus speziellen Proteinen, die in die Schicht der Lipide eingelassen sind. Diese Proteine kommen auch in tierischen Zellen vor, jedoch nur in solchen, die von *Semliki-Forest-Viren* befallen sind.

? **a) Erläutere, wie die zweite Hülle der *Semliki-Forest-Viren* gebildet wird und wie die Viren die Zelle verlassen.**

b) Fertige eine beschriftete Zeichnung an, in der die Vorgänge dargestellt sind, die ablaufen, wenn ein Virus die Zelle verlässt.

Spektrum der Wissenschaft, 4/1982.

! Lösung

a) Da die Lipide der Zellmembran und der zweiten Virenhülle gleich sind, liegt die Vermutung nahe, dass diese Virenhülle von der Zellmembran gebildet wird.

Ein Virus kann die Zelle verlassen, wenn sich die Zellmembran in einem Bereich nach außen vorstülpt, das von innen her kommende Virus umhüllt und sich als Bläschen ablöst. Der Vorgang läuft ab wie eine Phagocytose in „falscher" Richtung, wie eine „Phagozytose nach außen".

Die Proteine der zweiten Virenhülle bilden sich entsprechend der genetischen Information der Viren im Cytoplasma der Wirtszelle, gelangen über Golgi-Apparat und Golgi-Vesikel an die Membran der Zelle und werden hier an Stellen eingebaut, die später bei Kontakt mit einem von innen kommenden Virus ein Membranbläschen bilden können.

b) Das Schema zeigt, wie das Virus die Wirtszelle verlässt und auf welche Weise es zu seiner zweiten Hülle kommt.

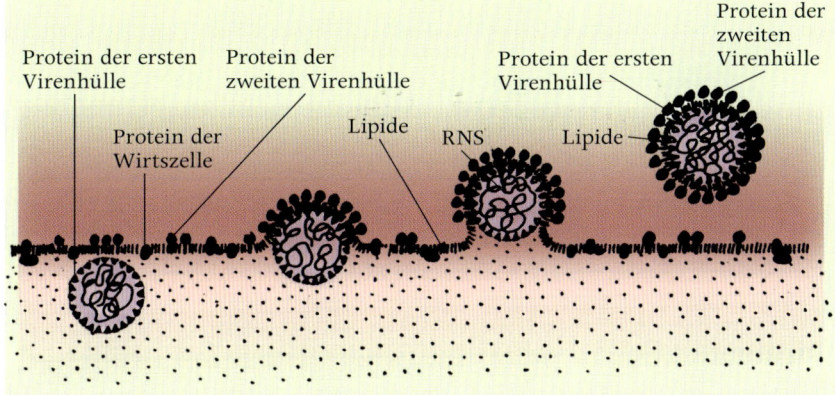

Aufgabe 27

Fünf Jahre, nachdem ALEXANDER FLEMING das erste Antibiotikum entdeckt hatte, stieß er auf eine andere Bakterien tötende Substanz. Ein Tropfen aus der Nase des britischen Forschers fiel auf die Bakterienkultur in einer Kulturschale (Agarplatte). FLEMING beobachtete, dass der Nasenschleim die Bakterien abtötete. Er nannte die im Schleim vermutete Substanz „Lysozym". Sie wird u. a. in den Drüsenzellen der Nasenschleimhaut gebildet.

? a) Lysozym ist eine Substanz, die auch die Bestandteile der Drüsenzellen abbauen kann. Erkläre, wie eine Drüsenzelle dafür sorgt, dass das in ihr gebildete Lysozym nicht das eigene Cytoplasma zersetzt.

b) Beschreibe die Vorgänge, durch die Lysozym vom Ort seiner Bildung innerhalb der Drüsenzelle in den Zellaußenraum gelangt.

Spektrum der Wissenschaft, 10/2000.

! Lösung

a) Nach seiner Bildung im Endoplasmatischen Retikulum ist Lysozym ständig von einer Membran eingeschlossen, die das Enzym vom Plasma der Zelle abschirmt. Auf diese Weise schützt sich die Zelle davor, von ihrem eigenen Lysozym angegriffen zu werden.

b) Lysozym wird im Endoplasmatischen Retikulum gebildet und im Golgi-Apparat in seine endgültige Form und Konzentration gebracht. Für den Transport umgibt die Zelle das Lysozym mit einer Membran. Abgeschirmt vom übrigen Cytoplasma wandern die Vesikel (Bläschen) vom ER zum Golgi-Apparat und von dort als Golgivesikel zur Zellgrenze, wo sie ihren Inhalt in den Zellaußenraum abgeben. Das geschieht durch eine Exocytose, einen Vorgang, bei dem die Membran eines Vesikels mit der Zellgrenzmembran verschmilzt.

Aufgabe 28

Das Schema zeigt eine Zelle der Bauchspeicheldrüse. Diese Drüsenzellen scheiden ein enzymhaltiges Sekret ab, das zur Verdauung im Zwölffingerdarm dient.

? a) Benenne die gekennzeichneten Bereiche der Zelle mit Fachbegriffen.

b) Beschreibe den Vorgang, der bei A abläuft.

c) Erläutere kurz, wo in der Zelle die Enzyme des Bauchspeicheldrüsensekrets gebildet werden und welche Stationen sie bis zur Ausscheidung in den Darm durchlaufen.

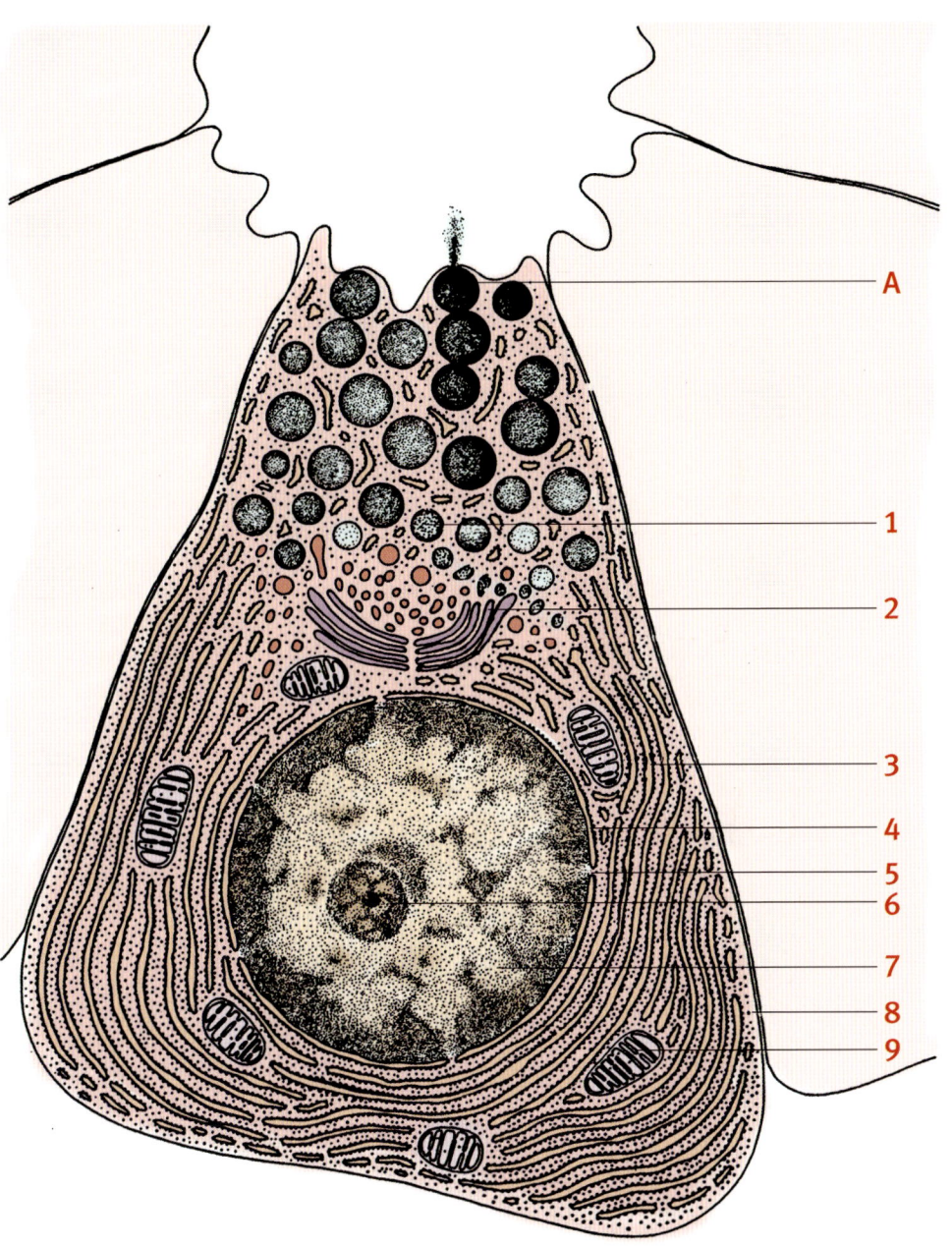

A

1

2

3

4

5

6

7

8

9

! Lösung

a)

1 Golgi-Vesikel	4 Kernmembranen	7 Zellkern
2 Dictyosom	5 Kernpore	8 Ribosom
3 Endoplasmatisches Reticulum	6 Nucleolus	9 Mitochondrium

b) Ein Vesikel (Bläschen), das vom Dictyosom abgeschnürt wurde, nimmt Kontakt mit der Zellgrenzmembran auf. Die Membran des Vesikels verschmilzt mit der Zellgrenzmembran. Dadurch erhält das Vesikel eine Öffnung und ergießt seinen Inhalt in die Umgebung der Zelle. Die ehemalige Membran des Vesikels wird neuer Bestandteil der Zellgrenzmembran. Das ist möglich, weil Vesikelmembran und Zellgrenzmembran sehr ähnlich aufgebaut sind (wie alle Membranen in der Zelle; vgl. Einheitsmembran).

c) Enzyme sind Proteine (Eiweiße). Sie werden an den Ribosomen gebildet. Die Information, welche Art von Protein gebildet werden soll, kommt als Kopie eines DNA-Stücks (mRNA) durch die Kernporen aus dem Inneren des Zellkerns.

Nachdem die Enzyme hergestellt wurden, werden sie in der Regel zum Golgi-Apparat transportiert. Dort verändern sie sich chemisch. Danach wandern sie in einem Golgi-Vesikel, das sich vom Dictyosom abschnürt, in Richtung Zellgrenzmembran.

Aufgabe 29

? Nenne diejenigen der unten genannten Vorgänge und Strukturen, die passive Transportvorgänge beschreiben oder an ihnen beteiligt sind.
- Exocytose
- Endocytose
- Diffusion
- Osmose
- Ionenpumpen in der Membran
- Carrierproteine in der Membran
- Tunnelproteine in der Membran

! Lösung

Passive Transportvorgänge oder an ihnen beteiligte Strukturen sind:
- Diffusion
- Osmose
- Tunnelproteine

Aufgabe 30

In der Abbildung siehst du einen kleinen Ausschnitt aus einer tierischen Zelle. Im mittleren Bereich des Schemas ist ein Dictyosom dargestellt.

a) Nenne die mit Ziffern gekennzeichneten Bereiche der Zelle.

b) Beschreibe die Vorgänge an den Stellen, die mit Großbuchstaben versehen sind.

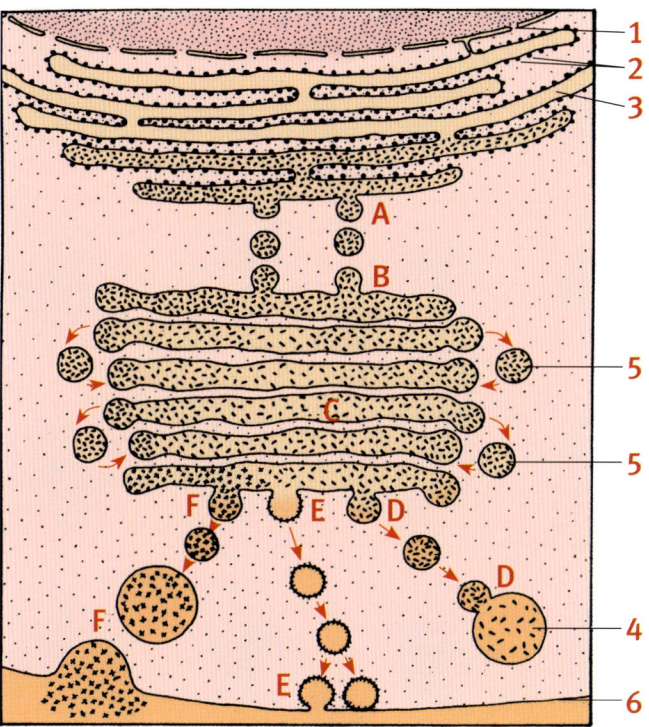

Lösung

a)
1 Kernporen
2 Ribosomen
3 Endoplasmatisches Retikulum
4 Lysosom
5 Golgi Vesikel
6 Zellmembran

b)

A. Am Endoplamatischen Retikulum (ER) schnüren sich Vesikel (Bläschen) ab. Sie schließen Proteine ein, die sich an den Ribosomen gebildet haben.

B. Die vom ER abgeschnürten Bläschen verschmelzen mit der Zisternenmembran des Dictyosoms und geben ihren Inhalt (Proteine) in die Zisterne ab.

C. Proteine werden chemisch in verschiedener Weise verändert, z. B. zu bestimmten Enzymen umgebaut oder zu Substanzen, die Aufgaben außerhalb der Zelle erfüllen.

D. Ein Vesikel schnürt sich von der Zisterne ab. Es umschließt abbauende Enzyme (Lysozyme). Das Vesikel wandert auf ein Lysosom zu und verschmilzt mit ihm.

E. Ein Vesikel löst sich von der Zisterne, wandert in Richtung Zellgrenze und verschmilzt mit der Zellmembran. Die Membran des Vesikels bildet danach einen Teil der Zellmembran. Auf diese Weise können neue Bestandteile, z. B. spezifische Proteine, in die Zellmembran eingebaut werden.

F. Ein Vesikel löst sich von der Zisterne. Sein Inhalt ist für Aufgaben außerhalb der Zelle bestimmt. Am Ende seines Weges durch das Cytoplasma erreicht es die Zellgrenzmembran, verschmilzt mit ihr und gibt so seinen Inhalt an den Außenraum der Zelle ab (Exocytose). Auf diese Weise kann die Zelle bestimmte Stoffe abscheiden (z. B. Sekretion von Hormonen, Enzymen, Schleim).

Zusatz:

Stachelsaumvesikel (coated Vesikel) sind in der Lösung nicht berücksichtigt. Der Vorgang D lässt sich auch als Verschmelzen eines Lysosoms mit einem Nahrungsbläschen (Struktur 4) deuten.

Aufgabe 31

Insulin ist ein Protein-Hormon. Es wird in bestimmten Zellen der Bauchspeicheldrüse (Pankreas) gebildet und in das Blut abgegeben.

Im November 1988 erschien in der Zeitschrift „Spektrum der Wissenschaft" ein Artikel, der sich mit den Erkenntnissen zur Bildung dieses Proteins beschäftigt. Einige Zeilen sind unten zitiert.

„Um den genauen Aufenthaltsort der Proteine in der Beta-Zelle nach Synthese …… zu bestimmen, muß man an das radioaktive Markieren eine autoradiographische Analyse nach einem hochauflösendem Verfahren anschließen, das in den siebziger Jahren GEORGE E. PALADE und LUCIEN G. CARO am Rockefeller-Institut für Medizinische Forschung eingeführt haben. Auch dabei wird zunächst Gewebe in einer Lösung mit radioaktiv markierten Aminosäuren gebadet. Danach stellt man in verschiedenen Zeitabständen von Zellen des Gewebes Dünnschnitte her, die jeweils mit einer photographischen Emulsion bedeckt werden. Wo sich die Isotope befinden, färbt sich der Film durch ihre Radioaktivität schwarz. Die Positionen dieser Isotope können somit den strukturellen Details der Zelle überlagert werden, wie man sie unter dem Elektronenmikroskop erkennt. ....

Wir machten von diesem Verfahren ausgiebig Gebrauch, um den Syntheseweg des Insulins zu verfolgen."

Im weiteren Verlauf des Textes sind die Ergebnisse dieser Untersuchung dargestellt. Sie sind unten im Wortlaut wiedergegeben, allerdings mit Lücken.

„Der Autoradiographie zufolge befinden sich fünf Minuten nach dem Markieren bereits die meisten der markierten Moleküle im": ...(1)....

„Fünfzehn Minuten später zeigt die autoradiographische Analyse, dass sich die Mehrzahl der markierten Moleküle nun in einer anderen Region der Betazellen aufhält, nämlich im": ...(2)....

„Wenn man den Weg der radioaktiven Isotope weiter verfolgt, stellt man fest, dass die betreffenden Moleküle etwa eine Stunde nach der Markierung den ...(3)... verlassen haben und in kleinen ...(4).... anzutreffen sind, die verstreut zwischen dem ...(5)... und der Zellmembran liegen."

Anmerkung: Betazellen sind die Insulin bildenden Zellen der Bauchspeicheldrüse

? Deine Aufgabe besteht darin:

a) die Lücken durch den Eintrag sinnvoller Begriffe zu füllen.

b) deine Einträge in Stichworten zu begründen (zusammenhängend, nachdem du alle Begriffe eingetragen hast).

c) den weiteren Verbleib der radioaktiv markierten Moleküle in Stichworten darzustellen.

Spektrum der Wissenschaft, 11/ 1998.

! Lösung

a)
Stellen des Textes:
(1) rauen ER
(2) Golgi-Komplex (Golgi-Apparat)
(3) Golgi-Komplex
(4) Vesikeln (Bläschen)
(5) Golgi-Komplex

b) Begründung: Die radioaktiv markierten Aminosäuren werden an den Ribosomen, vor allem des rauen ER zu Proteinen, in diesem Fall zu Insulin, verkettet. Daher treten die markierten Moleküle zuerst im rauen ER auf (1).

Danach gelangen sie, umgeben von einem Membranbläschen, in die Dictyosomen. Die Gesamtheit aller Dictyosomen einer Zelle bezeichnet man als
den Golgi-Komplex oder Golgi-Apparat (2). Im Golgi-Apparat erhalten die
Proteinmoleküle ihre endgültige, funktionsfähige Form. Vom Golgi Appa-
rat lösen sich Vesikel (4), die Insulin einschließen. Sie wandern an die Zellgrenze, um dort durch eine Exocytose in den Zellaußenraum zu gelangen.

zu c) Weiterer Verbleib der markierten Moleküle: Die radioaktiv markierten Aminosäure, jetzt verkettet zu Insulin, verlassen die Insulin bildenden
Zellen der Bauspeicheldrüse und gelangen ins Blut. Von dort aus verbreiten
sie sich im ganzen Körper.

Aufgabe 32

Du siehst in den Abbildungen zwei Schemata. Die Erläuterungen dazu findest du
im folgenden Text.

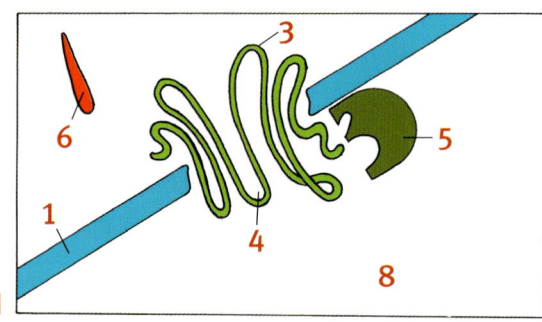

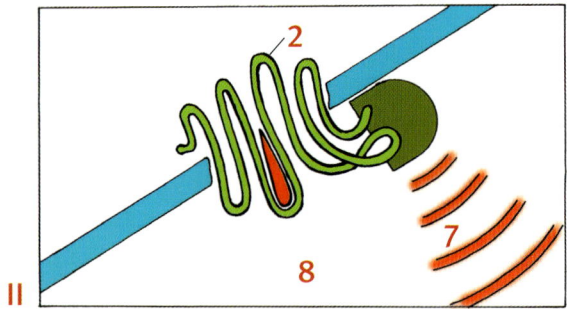

Verändert nach Spektrum der Wissenschaft, 11/06.

Ein G-Protein gekoppelter Rezeptor (GPCR) ist ein in besonderer Weise gefaltetes
Protein, das in der Zellmembran liegt. Wenn ein passendes Signalmolekül, z. B. ein
Hormon oder ein Neurotransmitter, an eine bestimmte Stelle, dem aktiven Zentrum,

andockt, wird es aktiviert. Der aktivierte GPCR regt ein Protein der G-Gruppe dazu an, eine Reaktionskaskade (Reaktionsfolge) innerhalb der Zelle in Gang zu setzen. Die Folge dieser Kaskade ist eine spezifische Verhaltensänderung der Zelle.

a) Beschrifte die Abbildungen an den mit Ziffern gekennzeichneten Stellen. Ordne dazu die folgenden Vorschläge den Ziffern in den Abbildungen zu:

A Signalmolekül
B inaktiver GPCR
C aktiver GPCR
D G-Protein
E aktives Zentrum
F Zellinneres
G Zellmembran
H interne Signalkaskade, führt zur Verhaltensänderung der Zelle.

b) An den G-Protein gekoppelten Rezeptoren der Zellgrenzmembran können Medikamente ansetzen. Zwei durch Medikamente erreichbare Wirkungen sind in den Schemata III und IV dargestellt.

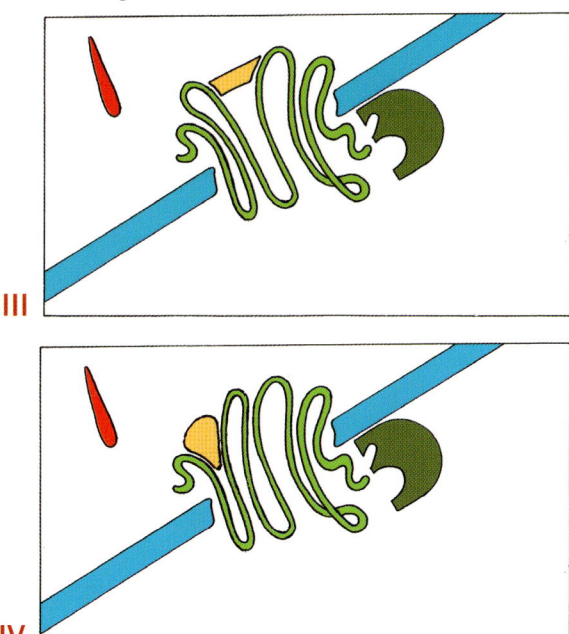

III

IV

Erläutere die in den Schemata III und IV dargestellten Vorgänge.

❗ Lösung

a) Zuordnung der vorgeschlagenen Beschriftung
1 Zellmembran (G)
2 aktiver GPCR (C)
3 inaktiver GPCR (B)
4 aktives Zentrum (E)
5 G-Protein (D)
6 Signalmolekül (A)
7 interne Signalkaskade führt zur Verhaltensänderung der Zelle. (H)
8 Zellinneres (F)

b) In Abb. III blockiert das Medikament das aktive Zentrum, so dass das Signalmolekül nicht mehr mit dem aktiven Zentrum in Kontakt treten kann. Der Wirkstoff löst keine Änderung des GPCR-Moleküls aus und kann daher auch das G-Protein nicht aktivieren. Innerhalb der Zelle kommt es zu keiner Reaktionskaskade und deshalb bleibt auch die Verhaltensänderung der Zelle aus.

In Abb. IV ist die Wirkung eines Medikaments dargestellt, das das allosterische Zentrum des GPCR besetzt. Es liegt an einer anderen Stelle des GPCR-Moleküls als das aktive Zentrum. Das so besetzte allosterische Zentrum führt zu einer Änderung des aktiven Zentrums. In diesem Fall kann das veränderte aktive Zentrum das Signalmolekül nicht mehr binden, und damit sind auch die Aktivierung des G-Proteins und die darauf hin ablaufende Reaktionskaskade nicht möglich.

Zusatz:

Möglich sind auch Fälle, in denen ein Medikament die umgekehrte Wirkung hat. Ein Medikament kann das allosterische Zentrum eines bestimmten GPCR-Moleküls besetzen und es dadurch nicht hemmen, sondern aktivieren. Über das G-Protein und die Reaktionskaskade wird dann die Verhaltensänderung der Zelle nicht verhindert, sondern ausgelöst.

Aufgabe 33

Ein solar (mit Lichtenergie der Sonne) betriebenes Fahrzeug benötigt, wenn es ständig einsatzbereit sein soll, Solarzellen (wandeln Licht in elektrischen Strom um) und eine Batterie.

Erläutere, welche Strukturen und Substanzen der Pflanzenzelle der Solarzelle bzw. der Batterie entsprechen. Begründe deine Antwort.

Lösung

Eine Pflanzenzelle ist in der Lage, die Sonnenenergie in chemischer Form festzulegen und für ihre Lebensvorgänge im Stoffwechsel zu nutzen. Die Lichtenergie wird mit Hilfe von Chlorophyll in den Chloroplasten so aufgenommen und abgeleitet, dass sie genutzt werden kann, um energiearme, kleine Moleküle zu energiereichen, großen Molekülen zusammenzubauen.

Die Solarzellen entsprechen daher den Chloroplasten. Die Substanz in den Solarzellen, die das Sonnenlicht zur Herstellung von elektrischem Strom nutzt, entspricht dem Chlorophyll.

Die Energieumwandlung in der Pflanzenzelle geschieht durch die Photosynthese. Aus dem energiearmen CO_2 und H_2O synthetisiert die Pflanzenzelle energiereichen Traubenzucker (Glucose). Die Glucose dient als Energie-Zwischenspeicher. Meistens wird sie noch weiterverarbeitet zu Stärke, einem Makromolekül, das aus zahlreichen Glucose-Molekülen besteht. Die Pflanze bezieht die Energie für ihre Stoffwechselprozesse nicht direkt aus dem Sonnenlicht, sondern aus diesem Energie-Speicher: Glucose und/oder Stärke. So kann sie auch längere Zeit ohne Licht leben.

Glucose und Stärke werden in Chloroplasten oder in anderen Teilen der Zelle gespeichert. Chloroplasten und ähnliche Speicherstellen der Zelle entsprechen daher der Batterie eines Solarfahrzeugs.

Diffusion und Osmose

Aufgabe 34

In der Abbildung sind drei Pflanzenzellen in unterschiedlichem Zustand dargestellt.

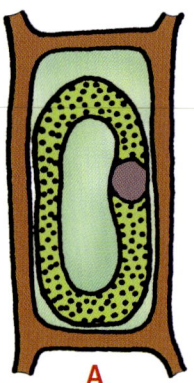
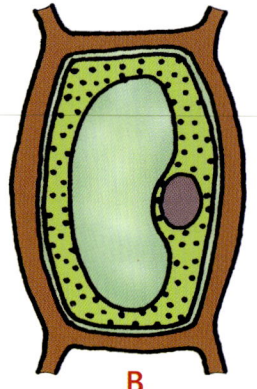
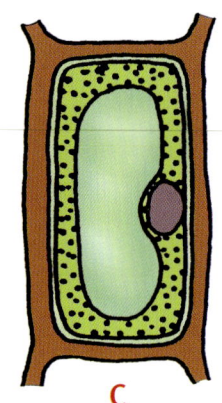

A   B   C

? **Welche Zelle liegt:**
- in einer hypotonischen Lösung?
- in einer hypertonischen Lösung?
- in einer isotonischen Lösung?

Erkläre kurz deine Antwort.

! **Lösung**

Die Zelle „A" liegt in einer hypertonischen Lösung. Die Teilchenkonzentration in der Lösung ist höher als in der Vakuole. Es tritt Plasmolyse ein. Wasser geht aus der Vakuole durch den Tonoplast (semipermeabel), das Cytoplasma, das Plasmalemma (semipermeabel) und die Zellwand in die Lösung über.

Die Zelle „B" liegt in einer hypotonischen Lösung. Die Teilchenkonzentration in der umgebenden Lösung ist geringer als in der Vakuole. Wasserteilchen wandern aus der Lösung durch das Plasma in die Vakuole. Der Plasmaschlauch wird von der sich füllenden Vakuole an die Zellwand gedrückt. Die Zellwand gerät unter Spannung.

Die Zelle „C" liegt in einer isotonischen Lösung. Die Teilchenkonzentration in der Vakuole ist genauso hoch wie die in der Lösung, die die Zelle umgibt. Die Zahl der Wasserteilchen, die in die Zelle einströmen, ist ebenso groß wie die der ausströmenden Wasserteilchen.

Aufgabe 35

Hoch reife Kirschen können bei Regen platzen.

? Erkläre, wie es dazu kommt.

! Lösung

Reife Kirschen sind sehr süß. Die Zuckerkonzentration in ihren Zellen ist sehr hoch. Vor allem der Zellsaft stellt gegenüber dem Regenwasser eine hypertonische Lösung dar. Dadurch diffundiert Wasser durch die Zellgrenzmembran in die Zelle, durchquert das Zellplasma und gelangt durch den Tonoplasten hindurch in den Zellsaft der zentralen Vakuole. Infolgedessen steigt der Druck der Vakuole, der Turgor, an. Bei sehr hohem Zuckergehalt, können die Zellwände und die Fruchtschale dem Turgor-Druck nicht mehr standhalten, so dass die Kirsche platzt.

Aufgabe 36

Fleisch lässt sich konservieren, wenn man es stark einsalzt.

? Erläutere, warum das Salzen vor der Zersetzung durch Bakterien schützt.

! Lösung

Bakterien, die auf stark gesalzenes Fleisch geraten, geben einen großen Teil des Wassers aus ihrem Plasma ab, da das Salz in ihrer Umgebung viel höher konzentriert ist als in ihrem Plasma (Osmose).

Alle Lebensprozesse in der Zelle laufen in wässriger Lösung ab. Wenn ein Teil des Wassers verloren geht, wird der Stoffwechsel so stark eingeschränkt und gestört, dass die Zelle stirbt.

Aufgabe 37

In einem Experiment soll die Wirkung verschiedener Flüssigkeiten auf Zellen der menschlichen Mundschleimhaut und der Zwiebelschuppenhaut geprüft werden. Dazu werden solche Zellen
- in destilliertes Wasser
- in 10 %ige Rohrzuckerlösung und
- in physiologische Kochsalzlösung (Blutersatzlösung) gelegt.

? Nenne die Zellen, die vermutlich platzen werden. Begründe deine Antwort.

! **Lösung**
• Die Zellen können platzen, wenn sie durch Osmose zuviel Wasser aufnehmen. Starke osmotische Wasseraufnahme läuft ab, wenn die Salzkonzentration (Konzentration gelöster Teilchen) des Zellplasmas viel höher ist als die
des umgebenden Mediums. Nur so kann eine starke Diffusion von Wasser
in die Zelle zustande kommen.

Die Zelle der menschlichen Mundschleimhaut platzt leicht. Dies geschieht, wenn sie in destilliertem Wasser liegt.

Eine Mundschleimhautzelle in physiologischer Kochsalzlösung liegt in
einem Medium mit etwa der gleichen Salzkonzentration wie ihr Plasma.
Der Ein- und Ausstrom von Wasser hält sich die Waage.

Die Rohrzuckerlösung hat eine höhere Teilchenkonzentration als das
Zellplasma. Es wird daher Wasser aus der Zelle ausströmen, sie wird
schrumpfen.

Pflanzenzellen, wie die der Zwiebelschuppenhaut, platzen weniger
leicht. Zwar steigt auch bei ihnen der Innendruck (Turgor) durch die starke Wasseraufnahme, jedoch wirkt die feste Zellwand aus Zellulose dem
Druck entgegen.

Aufgabe 38

Die Abbildung zeigt schematisch eine ähnliche Versuchsanordnung, wie sie der
Physiologe W. PFEFFER für seine berühmten Versuche verwendete. Sie wird in der
Fachliteratur als „Pfeffersche Zelle" bezeichnet.

Der Raum „I" besteht aus einem Tonzylinder, der eine semipermeable Membran
einschließt (gestrichelte Linie). Sie ist nur für Wasserteilchen durchlässig. Der Raum
„II" wird von einem Glaszylinder gebildet.

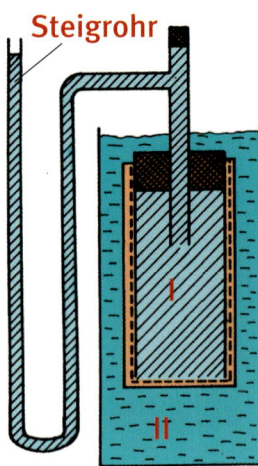

Steigrohr

? a) Erkläre die Veränderungen, die sich ergeben, wenn man in den Raum „I" eine 0,02 molare, wässrige KCl-Lösung einfüllt und in den Raum „II" eine 0,02 molare, wässrige NaCl-Lösung.

b) Erkläre die Veränderungen, die sich ergeben, wenn man in den Raum „I" eine 0,5 molare, wässrige KCl-Lösung einfüllt und in den Raum „II" eine 2 molare, wässrige Rohrzuckerlösung.

! **Lösung**

a) Es werden keine Veränderungen eintreten. Die semipermeable Membran ist durchlässig für Wasserteilchen, aber nicht durchlässig für KCl- und NaCl-Teilchen oder ihre Ionen.

Die Konzentration der gelösten Teilchen ist in beiden Räumen gleich hoch. Das bedeutet, dass in beiden Räumen die gleiche Zahl von Wasserteilchen pro Zeiteinheit auf die Membran treffen. Es diffundieren also ebenso viele Wasserteilchen vom Raum „I" in den Raum „II" wie vom Raum „II" in den Raum „I" Damit verändert sich der Wasserspiegel im Steigrohr nicht.

b) Der Wasserspiegel im Steigrohr sinkt. Zwischen den Räumen „I" und „II" läuft Osmose ab. Wasserteilchen können durch die semipermeable Membran diffundieren, Rohrzucker- und KCl-Teilchen oder ihre Ionen können nicht durch die Membran treten. Die Konzentration der gelösten Teilchen (KCl und Rohrzucker) ist im Raum „II" höher als im Raum „I". Daher ist die Zahl der Wasserteilchen pro Raumeinheit im Raum „I" höher als im Raum „II". Es treffen also pro Zeiteinheit im Raum „I" mehr Wasserteilchen auf die Membran als im Raum „II" Dadurch ist die Diffusion von Wasser aus dem Raum „I" in den Raum „II" stärker als aus dem Raum „II" in den Raum „I". Der Raum „I" verliert Wasser, der Wasserspiegel im Steigrohr fällt.

Aufgabe 39

Zellen sind in ihrer Größe in der Regel auf sehr geringe Ausmaße begrenzt.

? Erkläre den Vorteil, den die geringe Größe der Zellen bringt, wenn in ihrem Inneren Stoffe durch passive Vorgänge transportiert werden.

! Lösung

• Viele Transportvorgänge in der Zelle geschehen durch Diffusion, also ohne dass Stoffwechselenergie erforderlich wäre. Die Diffusionsgeschwindigkeit nimmt mit steigender Entfernung ab. In großen Zellen ist daher die Transportgeschwindigkeit durch Diffusion langsamer als in kleinen. Offensichtlich kann eine bestimmte Zellgröße nicht überschritten werden, da der Stofftransport dann so langsam wäre, dass ein geordneter Stoffwechsel nicht mehr möglich wäre.

Aufgabe 40

In Südeuropa wird grüner Salat meistens erst bei Tisch mit Essig, Öl, Salz und Pfeffer zubereitet. Der Salat ist dadurch frischer. Wenn man schon längere Zeit vor dem Essen die Sauce zum Salat gibt, werden die Salatblätter schlaff.

? Erkläre die Ursache dafür.

! Lösung

• Die Teilchenkonzentration in der Salatsauce ist höher als in der Zelle. Durch Osmose diffundiert daher Wasser aus den Vakuolen der Salatzellen durch den Tonoplasten, das Zellplasma, das Plasmalemma und die Zellwand hindurch nach außen. Das führt zur Abnahme des Drucks in der Vakuole. Das Plasma wird daher weniger stark gegen die Zellwand gedrückt (Plasmolyse). Dadurch verlieren die Zellen ihre Spannung (Turgor). Der Turgorverlust macht das gesamte Pflanzengewebe schlaff. Der Salat ist nicht mehr frisch und knackig.

Aufgabe 41

In tierischen Einzellern können pulsierende Vakuolen (pulsierende Bläschen) liegen, mit deren Hilfe Wasser aus der Zelle „gepumpt" werden kann.

? Kommen pulsierende Bläschen häufiger in Einzellern des Meeres oder des Süßwassers vor? Begründe deine Antwort.

! Lösung

• Bei tierischen Einzellern, die im Süßwasser leben, sind häufiger pulsierende Vakuolen zu finden.

Die Zellmembran jeder Zelle ist semipermeabel. Wasser kann ungehindert die Membran passieren. Im Zellplasma sind viele Salze gelöst. Die Konzentration der Salze im Plasma ist höher als im Süßwasser. Der Unterschied in der Salzkonzentration zwischen Zellplasma und Meerwasser ist gering.

Auf osmotischem Wege dringt daher ständig Wasser in die Zelle ein. Die Wasseraufnahme ist wegen des größeren Unterschieds in der Salzkonzentration bei Einzellern des Süßwassers stärker. Daher sind hier häufiger Organellen zu finden, die das eingedrungene Wasser wieder aus der Zelle hinausschaffen.

Aufgabe 42

Mit einer Neutralrot-Lösung kann man Teile von Pflanzenzellen anfärben. Neutralrot ist als Molekül lipophil (unpolar) und hat dann eine gelbe Farbe. Als Kation ist es hydrophil (polar) und kräftig rot gefärbt.

Das recht große Molekül lagert in saurer Lösung Protonen an und wird dadurch zum Kation (positiv geladenes Ion).

Zwei verschiedene Neutralrot-Lösungen werden in einem Experiment dazu verwendet, die Zellen einer Zwiebelschuppenhaut zu färben.

Experiment A: Eine saure Neutralrot Lösung wird zu den Zellen gegeben. Die Farbstoffteilchen liegen als Kationen vor, die Lösung ist daher rot.

Experiment B: Es wird eine pH-neutrale Neutralrot-Lösung verwendet. Die Farbstoffteilchen liegen als Moleküle vor, und die Lösung ist daher gelb.

Ergebnisse der Färbung:

Experiment A: nur die Zellwand färbt sich rot. Die übrigen Teile der Zelle ändern sich nicht.

Experiment B: der Inhalt der zentralen Vakuole, der Zellsaft, wird rot. Die Intensität der Färbung nimmt dabei ständig zu.

? Erkläre die Versuchsergebnisse. Berücksichtige dabei, dass der Zellsaft (Inhalt der zentralen Vakuole) einen pH-Wert von etwa 5,8 hat.

! Lösung

Erklärungen der Versuchsergebnisse:

Versuch A: Die Neutralrot-Teilchen liegen als Kationen in der Lösung vor, sie sind also hydrophil (polar). Hydrophile Teilchen können die Lipid-Doppelschicht der Membran wegen der Barriere aus hydrophoben Enden der Lipidmoleküle nicht durchqueren. Sie bleiben daher in der außen der Zellgrenzmembran aufliegenden Zellwand liegen und färben diese rot.

Versuch B: Die Neutralrot-Teilchen in der Färbeflüssigkeit sind lipophil (unpolar). Sie können die Lipid-Doppelschicht daher durchqueren und diffundieren so durch das Plasmalemma, das Cytoplasma und den Tonoplasten hindurch bis in die zentrale Vakuole. Im sauren Milieu des Zellsafts werden aus den unpolaren (lipophilen) Neutralrot-Molekülen polare (hydrophile) Neutralrot-Kationen. Die Farbe ändert sich daher von gelb nach rot. Zurück durch den Tonoplasten in das Cytoplasma können die Farbstoffteilchen nicht mehr wandern, da sie jetzt als Kationen vorliegen, daher hydrophil sind und die Barriere der hydrophoben Enden der Lipidmoleküle nicht überwinden können. Weil ständig neue Neutralrot-Teilchen in den Zellsaft einströmen und damit die Konzentration an Neutralrot-Kationen steigt, wird die rote Färbung immer intensiver.

Mitose, Meiose, Befruchtung

Aufgabe 43

In der Abbildung siehst du die Zeichnung, die der Botaniker NAEGELI 1842 anfertigte. Er beobachtete unter dem Mikroskop Veränderungen in den Zellen der Stängelhaare der Dreimasterblume (*Tradescantia*). NAEGELI zeichnete die verschiedenen Abschnitte des Vorgangs in den Zellen sehr genau. Bei „A" hat er die Zellen bei geringer, bei „B" bei stärkerer Vergrößerung gezeichnet.

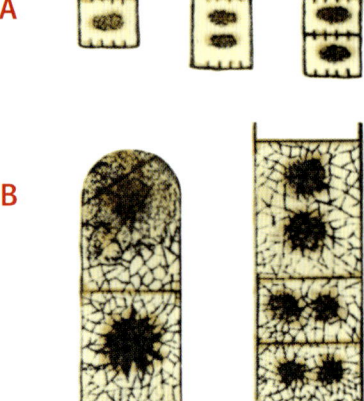

a) Nenne die Bezeichnung für den Bereich der Zelle, der in den Zeichnungen als großer dunkler Fleck dargestellt ist.

b) Beschreibe kurz den Vorgang, der in den Zeichnungen dargestellt ist.

c) Beschreibe, wie sich die Haare der Dreimasterblume verändern, wenn in ihnen die in der Abbildung dargestellten Vorgänge ablaufen.

! Lösung

a) In den Zeichnungen sind die Zellkerne als dunkle Flecken dargestellt.

b) In den Abbildungen sieht man den Verlauf einer Zellteilung. Dabei verdoppelt sich zunächst der Zellkern, dann wird etwa in der Mitte der ursprünglichen Zelle eine neue Zellwand eingezogen, so dass zwei selbstständige neue Zellen entstehen.

c) Die Haare der Dreimasterblume werden größer. Dafür ist vor allem die Vermehrung der Zellen durch die Zellteilungen verantwortlich. In geringem Maße wachsen die Haare auch dadurch, dass die jungen Zellen nach der Teilung noch ein wenig größer werden.

Aufgabe 44

? Welcher der drei unten stehenden Sätze ist richtig?

a) Das Wachstum von Pflanzen und Tieren geschieht in der Regel vor allem dadurch, dass die Zellen große Mengen von Wasser aufnehmen.
b) Das Wachstum von Pflanzen und Tieren geschieht in der Regel vor allem dadurch, dass die Zellen sich durch Zellteilung vermehren.
c) Das Wachstum von Pflanzen und Tieren geschieht in der Regel vor allem dadurch, dass die Zellen größer werden.
d) Das Wachstum von Pflanzen und Tieren geschieht in der Regel vor allem dadurch, dass die aufgenommene Nahrung zwischen den Zellen eingelagert wird.

! Lösung

Richtig ist die Aussage „b".

Lebewesen wachsen vor allem durch Vermehrung ihrer Zellen. Das geschieht durch Zellteilung (Mitose).

Die Zunahme der Größe der einzelnen Zellen nach der Teilung spielt nur eine untergeordnete Rolle für das Wachstum des gesamten Körpers. Die aufgenommene Nahrung wird nicht zwischen den Zellen abgelagert, sondern in die Zelle aufgenommen und zur Gewinnung von Energie verwendet oder zu Substanzen umgebaut, die später Bestandteile der Zellen bilden können.

Aufgabe 45

Im Jahre 1882 gelang es dem Biologen WALTHER FLEMMING die Zellteilung (Mitose) so genau im Mikroskop zu untersuchen, dass er die unten dargestellten Zeichnungen anfertigen konnte. Möglich war das, weil er mit damals neuen Verfahren der Mikroskopie und der Färbung der Präparate arbeitete. Besonders klare Ergebnisse brachten seine Untersuchungen an den Zellen von Salamanderlarven.

? **a) Ordne die Abbildungen in der richten Reihenfolge an und nenne jeweils die Fachbezeichnungen für die Stadien der Zellteilung (Mitose)**

b) Begründe, warum die Zellen von Larven günstiger sind als die von erwachsenen Salamandern, wenn man den Ablauf der Zellteilung untersuchen möchte.

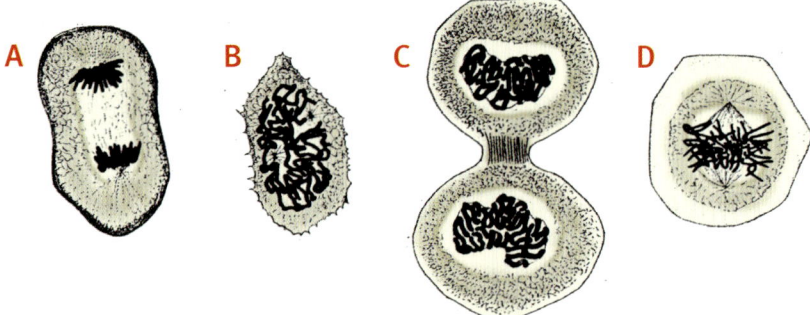

A   B   C   D

! **Lösung**

a) Die zeitlich richtige Reihenfolge der Abbildung ist:
B – D – A – C

Die Fachbezeichnungen für die abgebildeten Stadien der Mitose lauten:
A Anaphase
B Prophase
C Telophase
D Metaphase

b) Zellteilungen laufen vor allem in wachsenden Bereichen eines Körpers ab, weil das Wachstum durch die Vermehrung der Zellen geschieht. WALTHER FLEMMING verwendete für seine Untersuchungen daher nicht erwachsene Salamander, sondern ihre Jugendstadien, die Larven, weil Mitose-Stadien in ihren Geweben sehr viel häufiger zu finden sind als in erwachsenen Tieren.

Aufgabe 46

? Begründe, warum in Geweben, in denen sich gerade viele Zellen teilen, Zellen in Anaphase seltener zu finden sind als Zellen in Metaphase.

! **Lösung**
Anaphasen laufen in viel kürzerer Zeit ab als Metaphasen. In einem Gewebe mit vielen Zellen in Mitose trifft man daher mit höherer Wahrscheinlichkeit Zellen an, die gerade die Metaphase durchmachen als solche in Anaphase.

Aufgabe 47

In der Zeichnung siehst Du die vermutlich älteste Darstellung der menschlichen Chromosomen. Der Zellforscher WALTHER FLEMMING hat sie bereits 1882 angefertigt. Flemming untersuchte Zellteilungsstadien der Augenhornhaut des Menschen.

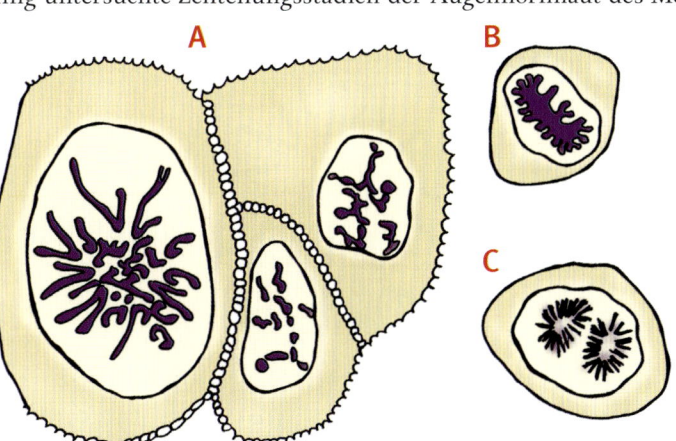

? a) Stelle den Grund dar, aus dem FLEMMING sich teilende Zellen untersuchte und nicht normale Zellen in der langen Phase zwischen zwei Zellteilungen.

b) Nenne die Fachbezeichnung für die Zellteilungsstadien folgender Abbildung:
  – linke große Zelle der Abbildung A
  – Abbildung B

a) In der Zeit zwischen zwei Zellteilungen sind die Chromosomen im Lichtmikroskop nicht sichtbar. Erst kurz vor der Mitose spiralisieren sie sich stark und werden dadurch kürzer und dicker. Nur in diesem Zustand lassen sie sich anfärben und unter dem Lichtmikroskop untersuchen.

b)
Die linke Zelle der Abbildung A durchläuft gerade die Metaphase. Die Äquatorialebene mit den sich dort sammelnden Chromosomen ist in Aufsicht dargestellt.

Abbildung B zeigt ebenfalls eine Zelle in Metaphase, allerdings blickt der Betrachter hier von der Seite auf die Äquatorialebene.

Aufgabe 48

In der Abbildung ist schematisch der Kernbereich einer Zelle in einer bestimmten Phase der Mitose dargestellt.

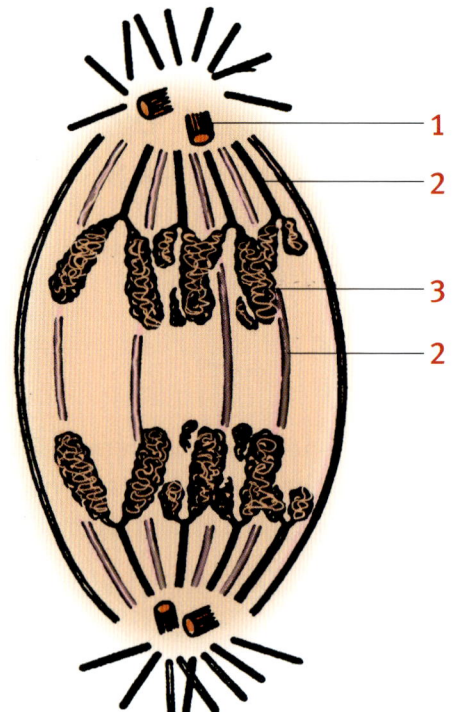

? a) Beschreibe kurz den Abschnitt der Mitose, in dem sich die Zelle befindet.

b) Nennen die Bezeichnungen für die mit Kennziffern versehenen Strukturen.

c) Erläutere die Bereiche der Zeichnung, an denen zu erkennen ist, dass ein Stadium der Mitose dargestellt ist und nicht der Meiose.

d) Beschreibe das Stadium, das dem in der Abbildung gezeigten vorausgeht.

! Lösung

a) Die Zelle befindet sich in der Anaphase der Mitose. Die Chromatiden jedes Chromosoms haben sich getrennt und weichen zu den Zellpolen hin auseinander.

b)
1 Centriol (Zentralkörperchen)
2 Spindelfasern
3 Chromosomen (mit nur je einem Chromatid)

c) In jeder der beiden auseinander weichenden Chromosomengruppen befinden sich je zwei Chromosomen, die sich in Form und Größe gleichen, also homologe Chromosomen. Die neu entstehenden Zellen werden also einen doppelten Chromosomensatz haben (diploide Zellen).
In der Meiose werden homologe Chromosomen voneinander getrennt. Wenn die Anaphase der ersten Reifeteilung dargestellt wäre, dürften in jeder Chromosomengruppe (oben und unten in der Abbildung) nur verschiedenförmige Chromosomen zu sehen sein. In der Anaphase der zweiten Reifungsteilung der Meiose teilen sich Zellen, die nur einen einfachen Chromosomensatz haben (haploide Zellen). In jeder der beiden Chromosomengruppen der Abbildung dürften sich daher keine Chromosomen befinden, die sich in der Form gleichen.

d) Der Anaphase geht die Metaphase voraus. In der Metaphase haben sich die Chromosomen maximal zur Transportform spiralisiert (verkürzt und verdickt). Sie ordnen sich in der Äquatorialplatte an. Die Teilung jedes Chromosoms in zwei Chromatiden wird sichtbar. An das Centromer (Kinetochor) jedes Chromosoms setzen Spindelfasern an. Kernmembran und Nucleolus haben sich aufgelöst.

Aufgabe 49

Die Abbildung A zeigt ein Spermium der Säuger im Längsschnitt. In B und C sind Querschnitte dargestellt.

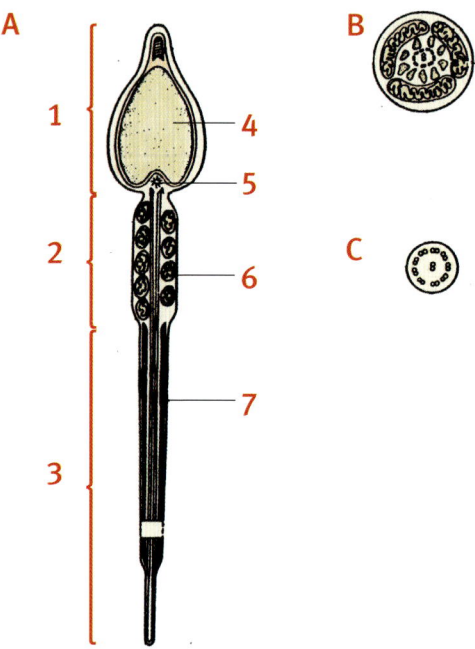

a) Beschrifte die Abbildungen.

b) Ordne die abgebildeten Querschnitte passenden Bereichen des Längsschnitts zu.

c) Beschreibe die Aufgabe, die die mit 6 gekennzeichneten Strukturen im Spermium erfüllen.

d) Stelle die Unterschiede dar zwischen der mit 4 gekennzeichneten Struktur eines Spermiums und dem entsprechenden Zellbereich in einer Körperzelle.

e) Beschreibe kurz die Aufgabe, die die mit der Kennziffer 5 versehene Struktur nach der Befruchtung übernimmt.

f) Nenne die Fachbezeichnung für den Vorgang, durch den Spermien und Eizellen gebildet werden.

g) Erläutere Unterschiede zwischen den Spermien der Tiere und den Samen der Pflanzen.

! Lösung

a)
1 Kopf
2 Mittelstück
3 Schwanz (Geißel)
4 Zellkern
5 Centriol (Zentralkörperchen)
6 Mitochondrium
7 Fibrillen (Mikrotubuli-Bündel)

b) In der Abbildung B ist das Mittelstück quer geschnitten. Abbildung C stammt aus dem unteren Bereich des Schwanzes (Geißel).

c) Die Mitochondrien liefern Stoffwechselenergie (ATP). Die Energie wird für die Bewegung der Fibrillen benötigt. Die Fibrillenbewegung lässt den Schwanzteil schlagen und sorgt damit für die Fortbewegung des Spermiums.

d) Der Zellkern des Spermiums hat nur die Hälfte des Chromosomensatzes der Körperzellen. Spermien diploider Organismen sind daher haploid.

e) Das Centriol (Zentralkörperchen) übernimmt nach der Befruchtung die Organisation des Spindelapparates für die nun beginnende Mitose.

f) Spermien werden wie die Eizellen durch Meiose gebildet.

g) Wichtige Unterschiede zwischen Spermien und Samen ergeben sich aus der Art ihrer Entstehung. Spermien werden durch Meiose gebildet. Samen entstehen durch Mitosen im Anschluss an die Befruchtung. Spermien bestehen daher nur aus einer Zelle, ihr Chromosomensatz ist gegenüber dem der entsprechenden Körperzellen halbiert.
   Samen sind aus zahlreichen Zellen aufgebaut. Sie enthalten den normalen, meistens diploiden Chromosomensatz. Im Samen liegen Nährstoffzellen und ein kleiner Embryo (Keimling), der allerdings seine Entwicklung bis zum Auskeimen einstellt. Die den Spermien der Tiere entsprechenden Zellen der höheren Pflanzen liegen in den Pollenkörnern.

Aufgabe 1

Die erste wissenschaftliche Veröffentlichung ROBERT KOCHS erschien 1876 unter dem Titel:

„Die Ätiologie der Milzbrandkrankheit, begründet auf die Entwicklung des *Bacillus anthracis*"

Die Arbeit wurde in der Zeitschrift: „Beiträge zur Biologie der Pflanzen" veröffentlicht.

? Ist die Veröffentlichung in einer Zeitschrift für Botanik berechtigt? Begründe deine Antwort.

! Lösung

Die Ergebnisse, die ROBERT KOCH veröffentlichte, würden heute nicht mehr in einer botanischen Fachzeitschrift erscheinen. Bakterien sind keine Pflanzen. Ihre Zellen unterscheiden sich in mehreren Merkmalen von denen der Pflanzen. Zum Beispiel haben die Bakterien keinen Zellkern.

Zusatz:

Damals waren Bakterien gerade erst entdeckt worden. Es gab daher noch kein eigenes Fachgebiet für die Forschung an Bakterien und ähnlichen Organismen. R. KOCH musste seine Arbeit in einer botanischen Zeitschrift veröffentlichen. Heute würden dafür die Zeitungen des Fachgebietes der Mikrobiologie zur Verfügung stehen.

Aufgabe 2

? Beschreibe mindestens fünf Folgen, die auftreten würden, wenn es gelänge, alle Bakterien auf der Erde zu töten.

! Lösung

Ohne Bakterien wären die Lebensbedingungen in einigen Bereichen verändert. Zum Beispiel:

– Würde der Abbau von organischen Substanzen im Boden, die Bildung von Humus, sehr viel schwächer und langsamer erfolgen. Fäulnisbakterien übernehmen einen wichtigen Teil dieser Aufgabe. Durch den Abbau entstehen Mineralsalze, die für das Wachstum der Pflanzen unbedingt erforderlich sind. Ohne Bakterien würden Pflanzen in viel geringerem Maße wachsen.

– Schmetterlingsblütige Pflanzen würden ihre Fähigkeit verlieren, besonders leicht und viel Eiweiß herzustellen, da ihnen die symbiontischen Knöllchenbakterien fehlen würden.

– Es könnten kein Essig, kein Sauerkraut, kein Joghurt und andere, ähnliche Nahrungsmittel mehr hergestellt werden.
– Nahrungsmittel müssten nicht mehr vor Zersetzung durch Bakterien geschützt werden. Allerdings könnten sie immer noch von Pilzen, Fliegenmaden und anderen Organismen befallen werden.
– Von Bakterien hervorgerufenen Infektionskrankheiten, z. B. Tuberkulose, Pest, Typhus u. a., würden verschwinden.
– Der chemischen und pharmazeutischen Industrie würden wichtige Organismen zur Herstellung von Medikamenten, Vitaminen und Grundstoffen für industrielle Prozesse fehlen. Viele kompliziert gebaute Stoffe lassen sich nur in Bakterien bilden, sehr häufig ist es nicht möglich, den Stoffwechsel der Bakterien künstlich nachzuahmen.
– In den Kläranlagen könnten Verunreinigungen durch organische Substanzen (Stoffe, die von Organismen gebildet wurden) nicht mehr beseitigt werden. Der Abbau zu anorganischen Stoffen wäre nicht mehr oder nur noch sehr schwer möglich.
– Würden die wichtigsten Organismen der Darmflora fehlen, die für den Menschen lebensnotwendige Vitamine produzieren und helfen, Nährstoffe vollständig abzubauen.

Aufgabe 3

? Angenommen ein Bakterium spaltet sich alle 30 Minuten. Wie viele Bakterien sind nach sechs Stunden entstanden?

! Lösung
Die Bakterienzahl verdoppelt sich jeweils nach 30 Minuten.

Nach 1 Stunde sind entstanden: 4 Bakterien
Nach 2 Stunde sind entstanden: 16 Bakterien
Nach 3 Stunde sind entstanden: 64 Bakterien
Nach 4 Stunde sind entstanden: 256 Bakterien
Nach 5 Stunde sind entstanden: 1024 Bakterien
Nach 6 Stunde sind entstanden: 4096 Bakterien

Berechnung:
Nach 6 Stunden sind 12 mal 30 min. vergangen.
Daher: $2^{12} = 4096$.

Aufgabe 4

Die Haltung und Zucht von Menschenaffen im Zoo ist sehr schwierig. Die Tiere sind sehr empfindlich. Ihre Anfälligkeit für Infektionskrankheiten ist hoch. Im Zoologischen Garten Stuttgart ließ sich die Gefahr von Infektionskrankheiten herabsetzen, indem man für den Bau der Klettergerüste in den Käfigen nicht wie sonst üblich nur Holz verwendete, sondern zum Teil auch nicht rostenden Stahl. Holzgestelle entsprechen zwar dem natürlichen Lebensraum der Affen viel besser, führen aber dazu, dass die Affen häufiger erkranken.

? Erläutere, warum man durch die Verwendung von Stahl statt Holz die Infektionsgefahr vermindern kann.

! Lösung

Es ist sehr schwierig, die Affen so zu halten, dass die Zahl der Krankheitserreger gering bleibt. Der Raum ist begrenzt, und weil die Tiere nicht wie in freier Wildbahn wandern können, kommen sie immer wieder mit ihren eigenen Exkrementen in Kontakt. Auf Holzstangen würde sich in kurzer Zeit ein starker Besatz von Mikroorganismen bilden. Darunter wären auch viele krankheitserregende Bakterien. Metall ist ein Material, auf dem sich Bakterien nur sehr schlecht vermehren können. In Gehegen mit Stahlstangen lässt sich daher die Zahl der Bakterien viel leichter gering halten.

Aufgabe 5

Die Kaiserpinguine im Zoo von Frankfurt (M) atmen äußerst saubere Luft. Die gesamte Luft, die in den Raum gelangt, in dem sie leben, wird durch Filter von Bakterien befreit.

Kaiserpinguine leben in der Antarktis, also in einem Gebiet, in dem die Temperaturen fast das ganze Jahr über unter 0°C bleiben.

Andere empfindliche Zootiere, z. B. aus dem tropischen Regenwald, erhalten keine gefilterte Luft.

? Begründe, warum es erforderlich ist, die Luft zu filtern, die die Pinguine atmen.

! Lösung

Die geringen Temperaturen in der Antarktis beeinträchtigen die Vermehrung der Bakterien stark. Die Luft ist daher dort sehr arm an Bakterien. Pinguine sind nicht angepasst an ein Leben in einer Luft wie bei uns in der BRD, mit einem hohen Gehalt von Bakterien. Das Abwehrsystem ihres Körpers (Immunsystem) kann eine größere Zahl von eingedrungenen Krankheitserregern nicht beseitigen. Die Pinguine würden bald an Infektionskrankheiten sterben, wenn ihre Atemluft nicht durch Filter bakterienfrei gemacht würde. Tiere des tropischen Regenwaldes dagegen sind an stark bakterienhaltige Luft angepasst. Sie benötigen daher keine von Bakterien gereinigte Atemluft.

Aufgabe 6

In der Hochseefischerei wird der Fisch mit Eis frisch gehalten. Einige Unternehmen sind dazu übergegangen, dem Eis Tetrazykline (bestimmte Antibiotika) beizufügen.

? Erkläre, warum sich Eis, dem Tetrazykline beigemengt wurden, zur Konservierung besser eignet als die herkömmliche Methode, Fisch mit normalem Eis frisch zu halten.

! Lösung

Frisch halten bedeutet, vor Zersetzung durch Mikroorganismen, vor allem Bakterien, zu schützen. Bakterien vermehren sich bei tiefen Temperaturen nur sehr langsam. Die Zunahme der Zahl der Bakterien ist aber durch eine normale Kühlung mit Eis nicht ganz zu verhindern. Eis, dem Antibiotika beigemengt wurden, macht eine Vermehrung der Bakterien unmöglich und hält daher den Fisch länger frisch.

Zusatz:

Viele Fachleute warnen davor, Antibiotika zu häufig einzusetzen, weil nach einer solchen Behandlung häufig in größerer Menge Bakterien auftreten, die gegen das verwendete Antibiotikum unempfindlich (resistent) sind.

Aufgabe 7

Fliegen können Krankheiten übertragen. Die Unterseite ihrer Füße trägt häufig krankheitserregende Bakterien.

? Beschreibe eine möglichst einfache Methode, mit der man, ohne ein Mikroskop zu verwenden, feststellen kann, dass Fliegen auf der Unterseite ihrer Füße Bakterien tragen, dass sie also Krankheitserreger übertragen können.

! Lösung

Zum Nachweis, dass Bakterien vorhanden sind, müssen sie zunächst zur Vermehrung gebracht werden. Dazu lässt man eine Fliege über einen Nährboden laufen, der alle Nährstoffe enthält, die für die Vermehrung von Bakterien erforderlich sind. Einige Bakterien der Fußunterseite bleiben auf dem Nährboden hängen. Um die Vermehrung zu beschleunigen, wird die Schale mit dem Nährboden in einen Wärmeschrank gestellt. Dort wird sie über Nacht bei etwa 35–40°C „bebrütet". Am nächsten Morgen kann man dann mit dem bloßen Auge „Bakterienkolonien" sehen. Dort, wo Bakterien der Unterseite der Fliegenfüße auf den Nährboden gelangten, sind Flecken aus vielen Tausenden von Bakterien entstanden.

Aufgabe 8

Blumenerde, die im Supermarkt verkauft wird, ist in der Regel sterilisiert (z. B. mit über 100 °C heißem Wasserdampf). Sie enthält neben Mineralsalzen auch große Mengen organischen Materials (Reste toter Pflanzen und Tiere). Die Verpackung in Plastikbeuteln ist luftdicht.

Einige Gärtner sind der Meinung, Pflanzen würden besser gedeihen, wenn man die frische Blumenerde aus dem Supermarkt mit einer kleinen Menge aus dem Garten oder aus einem schon seit längerem benutzten Blumentopf mischt.

? **Erläutere, warum es richtig sein könnte, dass Pflanzen in der gemischten Erde besser wachsen als in frischer Erde aus dem Supermarkt.**

! **Lösung**

Erde aus dem Garten enthält große Mengen an Fäulnisbakterien. Sie sind in der Lage, die kompliziert gebauten organischen Stoffe zu einfachen Mineralsalzen abzubauen. Mineralsalze sind für das Wachstum der Pflanzen unbedingt erforderlich.

In der Erde aus dem Supermarkt sind alle Bakterien durch die Sterilisierung abgetötet. Die Pflanzen entziehen der frischen Erde die enthaltenen Mineralsalze. In der gemischten Erde sorgt die große Menge an Fäulnisbakterien dafür, dass der Verlust an Mineralsalzen schnell durch den Abbau von organischen Stoffen ersetzt wird.

Wenn keine Gartenerde untergemischt wird, gelangen Bakterien aus der Luft in die frische, sterile Erde. Es dauert dann einige Zeit, bis sich die Bakterien so weit vermehrt haben, dass sie genügend Mineralsalze produzieren können.

Aufgabe 9

Gentechnologen, das sind Forscher, die versuchen, die Erbinformation in den Zellen zu beeinflussen, arbeiten zur Zeit an dem Problem, Erbanlagen von Bakterien auf Pflanzen zu übertragen.

Ein Ziel ist es unter anderem, Erbanlagen aus Knöllchenbakterien in das Erbgut der Pflanzen einzubauen.

? **a) Beschreibe die Wirkung der Erbanlagen der Knöllchenbakterien, die auf Pflanzen übertragen werden sollen.**

b) Stelle den Vorteil dar, den Menschen von Pflanzen mit solchen Erbanlagen hätten.

! **Lösung**

a) Knöllchenbakterien sind in der Lage, den Stickstoff der Luft aufzunehmen und für den Aufbau ihres Eiweißes zu nutzen. Die Information dafür liegt in bestimmten Erbanlagen, und die Gentechnologen versuchen, diese in das Erbgut von Pflanzen einzubauen.

b) Pflanzen müssen den Stickstoff aus dem Boden aufnehmen. Sie beziehen ihn aus bestimmten Mineralsalzen, die, in Wasser gelöst, durch die Wurzel in die Pflanze gelangen. Pflanzen, die Erbanlagen der Knöllchenbakterien in ihrem Erbgut hätten, wären unabhängig vom Stickstoffgehalt des Bodens. In der Landwirtschaft brauchte man dann keinen Stickstoffdünger mehr zu verwenden. Das würde Kosten sparen, und die Gefahr der Überdüngung mit Stickstoff wäre beseitigt (zu viel Stickstoff im Boden hat sehr ungünstige Folgen, u. a. auch für die Gewässer, in die die stickstoffhaltigen Mineralsalze aus den Äckern eingeschwemmt werden).

Aufgabe 1

In der Abbildung ist das Schema eines Pantoffeltierchens zu sehen.

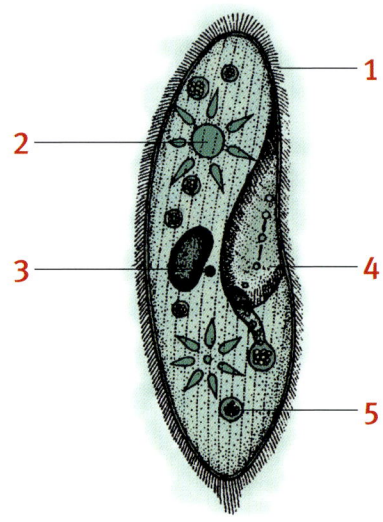

**? a) Nenne die Bezeichnungen für die mit Kennziffern ver-
sehenen Teile.**

**b) Beschreibe die Aufgabe, die die mit 2 gekennzeichnete
Stelle hat.**

! Lösung

a)
1 Wimpern
2 Pulsierendes Bläschen (Pulsierende Vakuole)
3 Zellkern
4 Zellmund
5 Nahrungsbläschen

b) Ein pulsierendes Bläschen pumpt Wasser aus dem Zellinnenraum nach
außen. Im Zellplasma sind Salze enthalten. Eine Flüssigkeit, die viele Salz-
teilchen enthält, entzieht einer anderen, in der weniger Salze enthalten sind,
Wasser. In das Zellplasma des Pantoffeltierchens dringt ständig Wasser ein,
weil das Süßwasser in der Umgebung arm an gelösten Salzen ist. Ohne die
Arbeit der pulsierenden Bläschen würde das Pantoffeltierchen nach kurzer
Zeit so viel Wasser aufgenommen haben, dass es platzt.

Aufgabe 2

? Welche Aussage ist richtig?

Organellen sind:
a) kleine Organe, die nur bei Einzellern vorkommen.
b) kleine Organe, die auch bei Vielzellern vorkommen.
c) Zellbereiche mit besonderem Bau und besonderer Aufgabe, die nur bei Einzellern vorkommen.
d) Zellbereiche mit besonderem Bau und besonderer Aufgabe, die nur bei Vielzellern vorkommen.
e) Zellbereiche mit besonderem Bau und besonderer Aufgabe, die bei Einzellern und Vielzellern vorkommen.

> **! Lösung**
> Richtig ist nur die Aussage „e".
>
> **Zusatz:**
> Organellen sind Zellbereiche mit besonderem Bau und besonderer Aufgabe. Sie sind Bestandteil aller Zellen, kommen also bei Einzellern und Vielzellern vor.
> Ein Beispiel für ein Organell ist der Zellkern. Mit ganz wenigen Ausnahmen ist er in jeder Zelle vorhanden.
> Organe bestehen aus vielen Zellen, sie können also nicht im Plasma von Einzellern liegen.

Aufgabe 3

? Beschreibe, worin sich außer in der Größe die Haare der Säugetiere von den Wimpern der Pantoffeltierchen unterscheiden.

> **! Lösung**
> Die Haare bestehen aus mehreren (toten) Zellen. Die Wimpern des Pantoffeltierchens sind Teile einer einzigen Zelle. Haare sind in der Regel unbeweglich, die Wimpern der Einzeller können rudernde Bewegungen ausführen.

Aufgabe 4

In der Abbildung ist schematisch ein Einzeller dargestellt. Alle wichtigen Teile sind in der Zeichnung berücksichtigt.

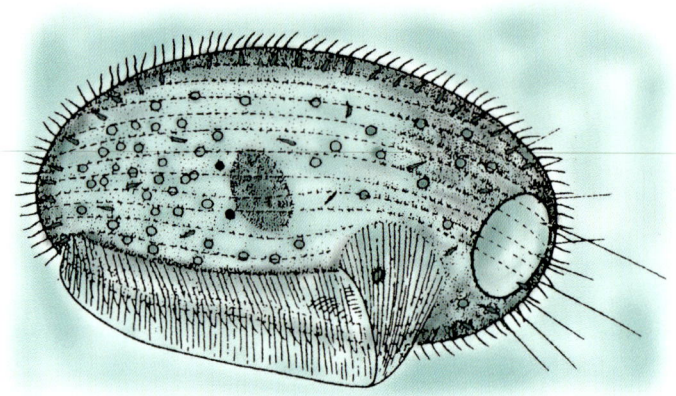

? **Gehört dieser Einzeller zu den Pflanzen oder den Tieren? Begründe Deine Antwort.**

! **Lösung**
Der Einzeller ist ein Tier.

Begründung: Typische Merkmale der Pflanzenzelle fehlen. Es sind keine Chloroplasten (Blattgrünkörner) vorhanden und auch keine Zellwand. Die Zelle ist außen von Wimpern bedeckt. Diese sind Bestandteile der Zellgrenzmembran. Die Zellhülle kann daher nicht aus einer Zellwand bestehen.

Zusatz:
Abgebildet ist das Wimpertierchen *Pleuronema marinum*.

Aufgabe 5

In der Abbildung ist eine bestimmte Art von Amöben dargestellt.

? **a) Beschreibe, wie sich die Amöbe fortbewegt.**

b) Stelle die Schwierigkeiten dar, die sich aus dem Bau der dargestellten Amöbe für die Zellteilung dieser Tiere ergeben.

c) Sind Amöben Pflanzen oder Tiere? Begründe deine Antwort.

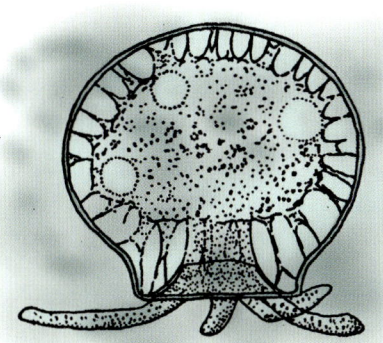

Lösung

a) Die aus dem Gehäuse herausragenden Teilchen sind Scheinfüßchen. Sie entstehen, wenn die Amöbe Teile ihres Zellplasmas bevorzugt in eine bestimmte Richtung vorschiebt. Auf der entgegen gesetzten Seite der Zelle zieht sich infolge dessen ein Bereich der Zelle zurück. So fließt die Zelle gleichsam in eine Richtung.

b) Das Gehäuse der Amöbe besteht aus totem Material. Die Zelle kann sich zwar teilen, aber das Gehäuse bleibt ungeteilt erhalten. Diese Amöben müssen daher vor der Teilung ihr Gehäuse verlassen, sich dann durch Zellteilung verdoppeln, und danach müssen die beiden neuen Zellen je ein neues Gehäuse bilden.

c) Amöben sind Tiere. Sie enthalten keine Blattgrünkörner (Chloroplasten), können also keine Photosynthese betreiben, sondern müssen Nährstoffe aus der Umgebung aufnehmen. Außerdem ist ihre Zelle nicht von einer Zellwand umgeben.

Aufgabe 6

? Nenne drei Merkmale, in denen sich das Augentierchen (*Euglena*) von der Amöbe (Schlammamöbe, *Amoeba proteus*) unterscheidet.

Lösung

Das Augentierchen bewegt sich mit Hilfe einer Geißel fort. Die Amöbe hat keine Geißel, sie schiebt Scheinfüßchen vor und „fließt" auf diese Weise nach vorne.

Im Zellplasma des Augentierchens liegen Blattgrünkörner (Chloroplasten). Daher ist die Zelle in der Lage, Photosynthese zu betreiben. Sie kann also aus Wasser und Kohlenstoffdioxid Nährstoffe aufbauen. Eine solche Ernährungsweise bezeichnet man als „autotroph". Bei Mangel an Licht kann das Augentierchen aber seinen Stoffwechsel auch von autotropher Ernährungsweise auf „heterotrophe Ernährung" umstellen. Es nimmt dann wie eine tierische Zelle Nährstoffe aus der Umgebung der Zelle auf und verdaut sie.

Amöben besitzen keine Chloroplasten. Sie können sich nur heterotroph ernähren.

Die Zelle der Amöbe ist sehr stark verformbar. Die Hüllmembran der Zelle ist sehr flexibel, sie kann sich zu sehr weit vorragenden Scheinfüßchen ausbuchten. Das Augentierchen dagegen hat eine nur wenig veränderbare Zellgrenzmembran.

Aufgabe 7

Der Zellmund des Pantoffeltierchens stellt keine Öffnung dar. Dennoch kann das Tier an dieser Stelle feste Nahrung in die Zelle aufnehmen.

? **Beschreibe den Vorgang der Nahrungsaufnahme beim Pantoffeltierchen.**

! **Lösung**

Die Wimpern strudeln Nahrungsteilchen in den Bereich des Zellmunds. Die Hüllmembran ist in diesem Teil der Zelle besonders flexibel. Sie buchtet sich zunächst nach innen ein und nimmt das Nahrungsteilchen in einer Art Grube auf. Die Ränder dieser Membrangrube bewegen sich langsam aufeinander zu, bis sie sich berühren. Die beiden Enden der Membrangrube verschmelzen dann miteinander.

Die Zellgrenzmembran wird bei diesem Vorgang zu keinem Zeitpunkt geöffnet. Durch das Verschmelzen der Grubenränder entsteht ein Membranbläschen (Nahrungsbläschen), das das Nahrungsteilchen umschließt und unmittelbar unter der Zellgrenzmembran liegt. Die Abschnürung des Bläschens macht die Zellhülle ein wenig kleiner. Der Verlust an Membran wird aber ersetzt, wenn in einem umgekehrt verlaufenden Vorgang, bei der Ausscheidung, ein Bläschen mit der Zellgrenzmembran wieder verschmilzt.

Aufgabe 8

? **Beschreibe drei verschiedene Arten der Fortbewegung bei Einzellern. Nenne je ein Beispiel.**

! Lösung

Viele Einzeller bewegen sich durch eine Geißel fort. Das ist ein langer, aus der Zelle herausragender Faden, der mit peitschenartigen Bewegungen die Zelle nach vorne ziehen oder drücken kann. Einzeller mit Geißeln sind zum Beispiel das Augentierchen (*Euglena*) und das Leuchttierchen (*Noctiluca*).

Die Zelloberfläche der Wimpertierchen ist dicht mit sehr kurzen Geißeln, den Wimpern, besetzt. Alle Wimpern schlagen in einem geordneten Rhythmus und bringen so die Zelle voran.

Beispiele für Wimpertierchen sind das Pantoffeltierchen, das Glocken- und das Trompetentierchen.

Amöben bewegen sich ohne Geißeln oder Wimpern fort. Sie lassen Teile ihres Zellplasmas bevorzugt in eine bestimmte Richtung fließen. Dadurch stülpt sich die Zelle in diesem Bereich immer weiter aus. Es entsteht ein „Scheinfüßchen". An der gegenüberliegenden Stelle schrumpft die Zelle, da hier Plasma abgezogen wird. Die Amöbe „fließt" dadurch in eine bestimmte Richtung. Beispiele für Zellen, die sich so fortbewegen, sind die Schlammamöbe (*Amoeba proteus*) und die beschalten Amöben (Sandhäuschen, Uhrgläschen u. a.).

Aufgabe 9

Glockentierchen bestehen nur aus einer Zelle. Bei Gefahr können Glockentierchen ihren Stiel zu einer Spirale zusammenlegen und sich dadurch zurückziehen (siehe Abb.). Das geschieht durch bestimmte lang gestreckte Eiweißfäden im Zellplasma, die sich verkürzen können. Der Stiel toter Tiere ist immer lang gestreckt.

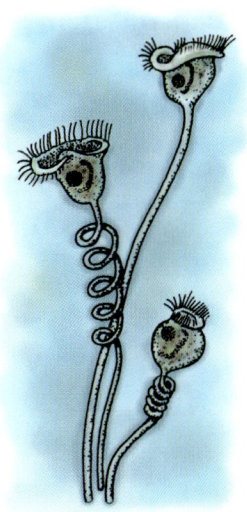

? a) Begründe, warum die Bewegung des Stiels der Glockentierchen nicht durch Muskeln geschehen kann.

b) Wodurch wird der Stiel der Glockentierchentierchen nach
der Spiralisierung wieder ausgestreckt? Begründe deine
Antwort.

! **Lösung**

a) Glockentierchen bestehen nur aus einer Zelle. Muskeln sind ebenfalls
Zellen. Ein Einzeller kann nie eine weitere Zelle, hier eine Muskelzelle, enthalten. Er wäre dann kein Einzeller mehr.

b) Vermutlich ist der Stiel elastisch. In Ruhestellung ist er gestreckt. Wenn
die lang gestreckten Eiweißfäden sich verkürzen, legt er sich in eine Spirale. Tote Tiere können in ihrem Zellplasma keine Prozesse mehr ablaufen
lassen, die zu einer Verkürzung dieser Eiweißfäden führen. Der Stiel streckt
sich daher nach dem Tod auf Grund seiner Eigenelastizität aus.

Aufgabe 10

Wenn man ein Pantoffeltierchen an einer Stelle berührt, kann man zuweilen erreichen, dass die Wimpern nicht nur an dieser Stelle, sondern am ganzen Tier für
einen Augenblick stille stehen.

? Erläutere die Schlüsse über Fähigkeiten der Zelle, die sich aus
dieser Beobachtung ziehen lassen.

! **Lösung**

Die Information über den Reiz, der zum Stillstand der Wimpern führte, muss
von der betroffenen Stelle zu anderen Bereichen der Zelle weitergeleitet werden können. Nerven kommen als Überträger nicht in Frage, da sie selbst aus
Zellen aufgebaut sind, und Pantoffeltierchen als Einzeller nicht noch weitere
Zellen enthalten können. Sie wären ja dann „Mehrzeller". Es müssen also
Plasmabereiche sein, die die Information von der betroffenen Stelle an die
gesamte Zelle weiterleiten und so alle Wimpern zum Stillstand bringen.

Aufgabe 11

? Beschreibe drei verschiedene Arten der Nahrungsaufnahme
und der Ernährung bei Einzellern.

Lösung

Amöben nehmen Nahrungspartikel in ihre Zelle auf. Dazu lassen sie Teile ihres Zellplasmas um das Nahrungsteilchen fließen und schließen es auf diese Weise ein. So entsteht ein Nahrungsbläschen. Innerhalb der Zelle wird das Nahrungsteilchen durch Verdauungssäfte abgebaut.

Pantoffeltierchen und andere Wimpertierchen strudeln die Nahrung durch geordnete Bewegung ihrer Wimpern zu einem Bereich der Zellgrenzmembran, der flexibler ist als die übrige Zellhülle. Diese Stelle bezeichnet man als den Zellmund. Die Membran des Zellmundes stülpt sich nach innen ein und umschließt so das Nahrungsteilchen. Wie bei der Amöbe entsteht auch hier ein „Nahrungsbläschen". Im Inneren der Zelle lösen Verdauungsstoffe das Nahrungspartikelchen langsam auf.

Pflanzliche Einzeller besitzen Blattgrünkörner. Sie können sich durch Photosynthese ernähren, brauchen also keine Nahrung aufzunehmen, sondern nur Wasser und Kohlenstoffdioxid. Sie benötigen allerdings Licht, um aus diesen Substanzen Nährstoffe herstellen zu können. Beispiele dafür sind die einzelligen Algen *Chlorella* und *Chlamydomonas*. Das Augentierchen (*Euglena*) kann sich außer durch Photosynthese auch durch Aufnahme von fertigen Nährstoffen ernähren. Es hat also die Fähigkeit, wie ein Tier zu „fressen" und auch wie eine Pflanze zu photosynthetisieren.

Zusatz:

Einige Einzeller haben noch andere Verfahren entwickelt, um sich zu ernähren. So sind zum Beispiel einige in der Lage, sehr kleine Nährstoffteilchen durch die Membran hindurch ins Zellplasma aufzunehmen, andere können mit Hilfe sehr langer und dünner Zellfortsätze Nahrungsteilchen aus der Umgebung einfangen und zum Zellkörper leiten.

Aufgabe 12

Die Art der Ernährung und die äußere Hülle der Zellen sind bei Pflanzen und Tieren verschieden.

? Erläutere den Zusammenhang zwischen der Art der Ernährung und der Zellgrenze bei Pflanzen und Tieren. Verwende dazu als Beispiele Pflanzen und Tiere, die nur aus einer Zelle bestehen.

Lösung

Pflanzenzellen sind außen von einer festen Zellwand umgeben, bei Tieren fehlt diese zusätzlich zur Zellgrenzmembran vorhandene Hülle.

Bei einzelligen Tieren darf die Zellhülle nicht fest sein, weil sonst die Aufnahme von Nährstoffen aus der Umgebung schwierig werden würde. Wie alle Pflanzen stellen auch die pflanzlichen Einzeller ihre Nährstoffe selber her, in der Photosynthese. Sie brauchen sie nicht von außen aufzunehmen und können daher ihre Zellen mit einer festen Wand umgeben.

Aufgabe 13

Der Ostgotenkönig VITIGIS versuchte in den Jahren 536 bis 539 n. Chr., Rom zu erobern. Er befahl, die in die Stadt führenden Wasserleitungen zu unterbrechen. Das dadurch ständig ausfließende Wasser bildete zahlreiche Pfützen, Teiche und Tümpel. VITIGIS musste die Belagerung abbrechen, da sich unter den Soldaten seines Heeres eine fiebrige Epidemie ausbreitete.

Heute weiß man, dass die Ursache für die Entstehung der Epidemie in der Unterbrechung der Wasserleitungen lag.

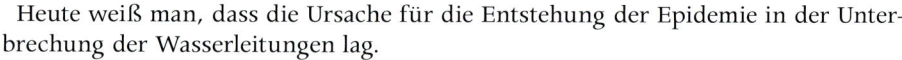

? Erkläre den Zusammenhang zwischen der Epidemie und der Unterbrechung der Wasserleitungen.

Naturwissenschaftlicher Rundschau, 7/1997.

! Lösung

Die zahlreichen Kleingewässer, die durch die Unterbrechung der Wasserleitungen entstanden waren, bildeten ideale Brutgewässer für Stechmücken. Sehr wahrscheinlich legten auch Anopheles-Mücken ihre Eier dort ab, so dass ihre Zahl stark zunahm. Die Anopheles-Mücke überträgt den Erreger der Malaria. Nach einer Infektion mit diesen einzelligen Parasiten leiden die Menschen unter ständig im Abstand von wenigen Tagen wieder kehrendem hohen Fieber.

Aufgabe 14

Schon im Altertum war die krankmachende Bedeutung von Sümpfen bekannt. HIPPOKRATES, der berühmte Arzt der griechischen Antike, kannte bereits Krankheiten, die durch Fieberschübe in regelmäßigen Abständen von drei oder vier Tagen gekennzeichnet sind.

TERENTIUS VARRO, ein bedeutender Schriftsteller im alten Rom, vermutete in seinem Buch „Rerum rusticarum" die Ursache dafür in „animalia quaedam minuta, qua non possunt oculi consequi" (gewisse kleine Tierchen, die so klein sind, dass man sie mit den Augen nicht entdecken könne).

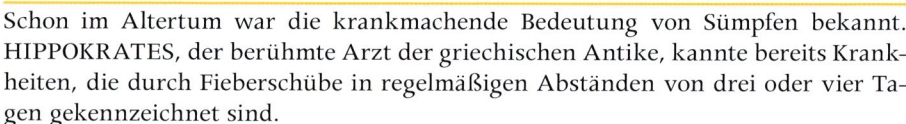

? Erläutere die Ansicht von Hippokrates und Terentius Varro näher. Die folgenden Fragen sollen Dir dabei helfen.
- Was sind die kleinen Tierchen, die Varro vermutet?
- Wie kommt es zu den regelmäßigen Fieberschüben?
- Wie ist zu erklären, dass die Krankheit bevorzugt in Sümpfen auftritt?

Vasold, M.: Pest, Not und schwere Plagen. Seuchen und Epidemien vom Mittelalter bis heute, 1999.

! **Lösung**

TERENTIUS VARRO hatte schon damals in der Antike Recht. Die kleinen, mit bloßem Auge nicht sichtbaren Tierchen, die er als Erreger der Malaria vermutete, sind heute unter dem Mikroskop als Parasiten erkennbar, die nur aus einer Zelle bestehen (Einzeller).

Die Erreger der Malaria vermehren sich als Parasiten in den Roten Blutkörperchen des Menschen. Die in regelmäßigen Abständen von wenigen Tagen wiederkehrenden Fieberanfälle treten auf, weil alle Roten Blutkörperchen, die von den Malaria-Erregern befallen sind, zur gleichen Zeit platzen und eine große Zahl von Parasiten freisetzen. Der Körper reagiert auf die große Menge von fremden Zellen im Blut mit Fieber. Danach befallen die Erreger erneut Rote Blutkörperchen und sind dadurch im Inneren der Blutzellen vor Angriffen des Immunsystems geschützt. Daher tritt auch kein Fieber als Abwehrreaktion auf.

Die Malaria-Erreger werden durch *Anopheles*-Mücken übertragen. Die Weibchen der Mücke saugen mit ihrem Stechrüssel Blut und infizieren dabei den Menschen mit den einzelligen Parasiten. *Anopheles*-Mücken legen ihre Eier in kleinen, stehenden Gewässern ab. In Gebieten mit vielen Brutgewässern ist daher auch die Zahl der *Anopheles*-Mücken besonders hoch und dadurch ist die Gefahr groß, an Malaria zu erkranken.

Aufgabe 15

Für bestimmte Untersuchungen und Experimente verwendet man in der biologischen Forschung einzellige Organismen, die untereinander vollständig gleich (identisch) sind.

? Beschreibe ein Verfahren, mit dem man Einzeller erzeugen kann, die untereinander identisch sind.

Lösung

Organismen, die durch Zellteilung (Mitose) entstehen, sind untereinander vollständig gleich. Die beiden durch eine Zellteilung entstehenden Zellen erhalten je einen Kern. Dazu muss sich der Kern der Ausgangszelle teilen. Das Material, das die Erbinformation trägt, verdoppelt sich zunächst, und dann teilt sich der Kern. Ohne diese Verdoppelung würde das Erbmaterial von Teilung zu Teilung immer weiter abnehmen.

Bei der Verdoppelung der Erbinformation entsteht durch einen Kopiervorgang neue Erbinformation, die der alten exakt gleicht. Die beiden Kerne enthalten daher identische Information. Der Kern steuert alle Vorgänge in der Zelle, so dass durch die Zellteilung zwei identische Zellen entstehen, weil ja die Erbinformation in ihnen identisch ist.

Um untereinander identische Einzeller zu erhalten, muss man also eine einzelne Zelle isolieren und unter geeigneten Bedingungen wachsen und sich teilen lassen. Dabei dürfen keine Meiosen auftreten.

Aufgabe 16

In Kulturen von Pantoffeltieren findet man gelegentlich auch Tiere, die aneinander geheftet sind, so wie es auf der Abbildung zu sehen ist.

? **Wie entstehen solche „Doppeltiere"? Beschreibe den Vorgang so genau wie möglich.**

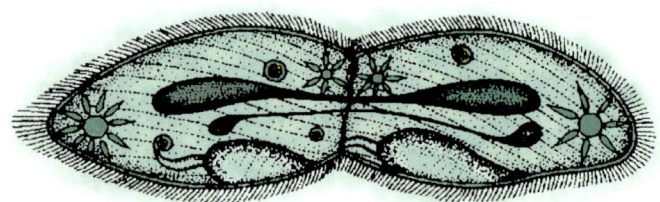

Lösung

Die beiden Zellen der Abbildung sind durch Teilung eines Pantoffeltierchens entstanden. Die Zellteilung beginnt mit der Teilung des Zellkerns, dann schnürt sich die gesamte Zelle etwa in der Mitte durch. Je ein Mundfeld und ein pulsierendes Bläschen werden neu gebildet. Dadurch entstehen zwei neue, vollständige Pantoffeltierchen. Die Zellen bleiben zunächst noch eine kurze Zeit lang miteinander verbunden. Danach trennen sie sich und wachsen zur endgültigen Größe heran.

Zusatz:

Miteinander verbundene Tiere können auch noch auf eine andere Weise entstehen. Unter bestimmten Bedingungen legen sich Pantoffeltierchen seitlich sehr eng nebeneinander und tauschen gegenseitig Material des Zellkerns aus. Dadurch können sie neue Erbinformationen erhalten. Nach der Übergabe und dem Empfang von Kernmaterial trennen sie sich wieder voneinander. Der Vorgang dient also nicht der Vermehrung.

Aufgabe 17

In einer Probe von Tümpelwasser befinden sich mehrere verschiedene Arten von Einzellern. Um eine bestimmte Art von Amöben aus der Probe zu isolieren und zur Vermehrung zu bringen, ist es erforderlich:

a) nur einen kleinen Teil der gesamten Probe zur weiteren Kultur zu verwenden.

b) eine Amöbe aus der Probe zu entnehmen und in eine Kulturschale mit Wasser zu überführen.

c) mindestens zwei Amöben der betreffenden Art aus der Probe zu entnehmen und zusammen in eine Kulturschale mit Wasser zu überführen.

d) alle Amöben dieser Art aus der Probe zu entnehmen und in eine Kulturschale mit Wasser zu überführen.

? Welche der Aussagen ist/sind richtig? Begründe deine Antwort.

! Lösung

Antwort b ist richtig. Als Ausgangstier für eine Kultur, in der nur Amöben dieser einen bestimmten Art leben, benötigt man nur ein einziges Tier.

Amöben können sich ungeschlechtlich, d. h. nur durch Zellteilungen, vermehren. Sie brauchen also keinen Partner, durch den eine Befruchtung möglich wäre.

Wenn nur ein Teil der Gesamtprobe abgetrennt wird, erhält man in der neuen Kultur wieder ein Gemisch aus verschiedenen Einzellern und keine „Reinkultur", in der nur eine bestimmte Art lebt.

Aufgabe 18

Es werden einige Gefäße mit unterschiedlichem Inhalt aufgestellt. Nach etwa einer Woche wird geprüft, ob Einzeller im Gefäß vorhanden sind.

❓ In welchen der unten beschriebenen Gefäße sind Einzeller zu finden? Begründe deine Entscheidungen kurz. Du brauchst keine Aussagen darüber zu machen, welche Arten von Einzellern in den Gläsern leben, oder ob es viele oder wenige sind.

- Gefäß „A": getrocknete Blätter und Grashalme, Leitungswasser, mit einem Glasdeckel verschlossen.
- Gefäß „B": getrocknete Blätter und Grashalme, Leitungswasser, ohne Deckel.
- Gefäß „C": getrocknete Blätter und Grashalme, abgekochtes aber kühles Wasser, mit einem Glasdeckel verschlossen.
- Gefäß „D": getrocknete Blätter und Grashalme, abgekochtes, aber kühles Wasser, ohne Deckel.
- Gefäß „E": Leitungswasser mit einer besonderen Nährlösung, von der sich Einzeller ernähren können, mit einem Glasdeckel verschlossen.
- Gefäß „F": Wasser aus einer Pfütze.
- Gefäß „G": getrocknete Blätter und Grashalme, Leitungswasser, ohne Deckel, Gefäß in einem lichtlosen Raum stehend.
- Gefäß „H": abgekochtes, aber kühles Wasser, mit einem Glasdeckel verschlossen.

❗ Lösung

Gefäß „A": Einzeller vorhanden. Das Leitungswasser ist zwar frei von Einzellern, aber die günstigen Lebensbedingungen brachten die auf den trockenen Blättern und Halmen vorhandenen Dauerstadien der Einzeller dazu auszuschlüpfen.

Gefäß „B": Einzeller vorhanden. Wie in Gefäß „A" sind Dauerstadien ausgeschlüpft. Zusätzlich konnten Dauerstadien aus der Luft in das Glas gelangen.

Gefäß „C": Einzeller vorhanden. Das Abkochen tötet zwar alle Einzeller im Wasser, wenn aber die Dauerstadien auf den Blättern und Halmen mit dem Wasser in Kontakt kommen, schlüpfen die Einzeller aus.

Gefäß „D": Einzeller vorhanden. Wie in Glas „C" schlüpfen Einzeller auch hier aus Dauerstadien. Zusätzlich können Dauerstadien aus der Luft in das Glas gelangen.

Gefäß „E": keine Einzeller vorhanden. Das Wasser bietet zwar gute Lebensbedingungen für Einzeller, die Tiere können aber nicht in das Glas gelangen. Im Wasserwerk werden alle Einzeller im Leitungswasser abgetötet, und aus der Luft können auch keine Organismen ins Glas gelangen, da es mit einem Deckel verschlossen ist.

Gefäß „F": Einzeller vorhanden. Auch in nur kurze Zeit bestehenden, kleinen Gewässern, wie einer Pfütze, leben Einzeller. Sie gelangen als Dauerstadien aus der Luft ins Wasser und schlüpfen dort aus.

Gefäß „G": Einzeller vorhanden. Wie im Gefäß „B" können auch in diesem Glas Einzeller leben. Allerdings wird man nur tierische Zellen finden. Pflanzliche Einzeller benötigen Licht zum Leben, da sie sich durch Photosynthese ernähren.

Gefäß „H": keine Einzeller. Im Wasser sind durch das Abkochen alle Einzeller und auch ihre Dauerstadien abgetötet. Aus der Luft können ebenfalls keine Organismen ins Wasser gelangen, da das Glas mit einem Deckel verschlossen ist.

Aufgabe 19

? **Welche der folgenden Aussagen ist/sind richtig? Begründe deine Entscheidung kurz.**

Der geordnete Schlag der Geißeln aller Zellen in einer Gitterkugel (Kugelalge, *Volvox*) ist möglich durch:

a) Plasmabrücken, die die Zellen untereinander verbinden.
b) Augenflecken, die in den meisten Zellen vorhanden sind und ermöglichen, dass die Zellen untereinander in Blickkontakt stehen.
c) Augenflecken, die untereinander durch ein Gitterwerk von Plasmasträngen innerhalb jeder Zelle verbunden sind.
d) die Füllung des Innenraumes der Kugel mit Schleim.
e) die Blattgrünkörner (Chloroplasten).

! **Lösung**
Richtig ist die Antwort a.

Die Gitterkugel kann den Schlag der Geißeln in verschiedenen Zellen aufeinander abstimmen, da die Information über die Schlagrichtung der Geißel den Nachbarzellen übermittelt wird. Dazu dienen die Plasmabrücken, die die Zellen untereinander verbinden.

Augenflecken sind zwar vorhanden, aber für die Abstimmung der Geißelbewegung aufeinander ohne Bedeutung. Sie nehmen nur Helligkeitsunterschiede wahr. Die Fähigkeit, Helligkeit wahrzunehmen, ermöglicht es der Gitterkugel, dunkle Bereiche ihres Lebensraumes zu vermeiden und die für die Photosythese günstigen, hellen Stellen aufzusuchen. Augenflecken legen also die Richtung fest, in der sich die Gitterkugel (*Volvox*) bewegt.

Die Gitterkugel besitzt zwar Blattgrünkörner und ihr Innenraum ist mit Schleim gefüllt, für den geordneten Schlag der Geißeln sind diese Merkmale aber ohne Bedeutung.

Aufgabe 20

Die Gitterkugel (Kugelalge, *Volvox*) besteht aus zwei Zelltypen, erstens den Ernährungs- und Fortbewegungszellen und zweitens den Fortpflanzungszellen.

? **Erkläre, wie es durch diese Arbeitsteilung zum Alterstod der Gitterkugel kommt.**

! Lösung

Die überwiegende Zahl der Zellen der Gitterkugel sind Ernährungs- und Fortbewegungszellen. Allein die wenigen Fortpflanzungszellen sind in der Lage neue Gitterkugeln zu bilden. Nach Erreichen eines bestimmten Alters bricht die Gitterkugel auf und setzt ihre neuen, kleinen Nachkommen frei. Der alte mütterliche Organismus stirbt, es entsteht eine Leiche.

Lebewesen, bei denen jede Zelle zur Fortpflanzung fähig ist, können keinen Alterstod sterben. Wenn sie älter werden, teilen sie sich und leben in den neu entstehenden Zellen weiter. Ihr Leben kann nur durch einen „Katastrophentod" zu Ende gehen (z. B. dadurch, dass sie gefressen werden oder dass ihre Lebensbedingungen zu ungünstig werden).

Mendelgenetik

Aufgabe 1

Die Abbildung zeigt einen schematischen Längsschnitt durch eine Erbsenblüte.

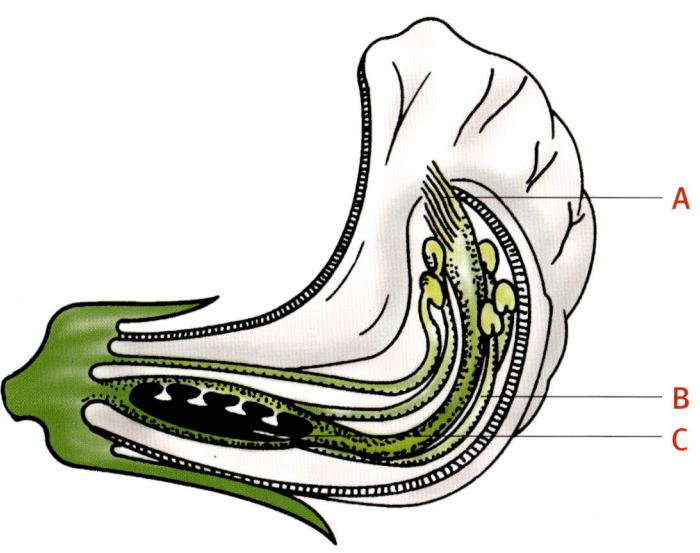

a) Nenne die Bezeichnung für die mit Buchstaben gekennzeichneten Blütenteile.

b) Im Folgenden wird stichwortartig mit den heute gebräuchlichen Fachbegriffen ein Kreuzungsversuch vorgestellt, so wie ihn schon GREGOR MENDEL vor über 100 Jahren durchgeführt hat:

- 1. und 2. Kreuzung: Zwei Kreuzungen, um die Reinerbigkeit der später verwendeten Kreuzungspartner (grünsamige und gelbsamige Erbsen) festzustellen.
- 3. Kreuzung: Kreuzung reinerbiger, grünsamiger Erbsen mit reinerbiger, gelbsamigen Erbsen.
- 4. Kreuzung: Kreuzung der aus der dritten Kreuzung hervorgegangenen Nachkommen untereinander.

Gib an, bei welchen Kreuzungen MENDEL die Pflanzen künstlich bestäubte und bei welchen die Bestäubung auf natürliche Weise geschah. Begründe deine Antworten.

c) Beschreibe stichwortartig die Arbeitsschritte, die bei einer künstlichen Bestäubung erforderlich sind.

d) Erläutere die Vorteile, die die Erbse als genetisches Versuchsobjekt bietet

! Lösung

a) Blütenteile:
A Narbe
B Staubblatt
C Fruchtknoten

b) Bei der dritten Kreuzung wird künstlich bestäubt. Da die Erbse ein Selbstbestäuber ist, muss die Bestäubung mit Pollen einer anderen Pflanze künstlich durchgeführt werden.

Natürliche Bestäubung wird bei der ersten, zweiten und vierten Kreuzung zugelassen. Die erste und zweite Kreuzung werden durchgeführt, um festzustellen, ob die Erbsen, die zur ersten Kreuzung verwendet wurden, homo- oder heterozygot sind. Wenn diese Erbsen heterozygot sind, treten bei Selbstbestäubung in der F_1 sowohl Pflanzen auf, die denen der P-Generation gleichen als auch solche, die von der P-Generation abweichen.

Bei der vierten Kreuzung ist Fremdbestäubung nicht notwendig, da die Nachkommen aus der dritten Kreuzung untereinander genetisch identisch sind. Die eigenen Pollen einer Blüte tragen die gleichen Anlagen im gleichen Zahlenverhältnis wie die Pollen der Blüten an anderen Pflanzen, die aus derselben dritten Kreuzung stammen.

c) Öffnen des Schiffchens (zu einer Hülle verwachsene Kronblätter der Schmetterlingsblüter), bevor der Pollen reif ist; Entfernen der Staubgefäße mit einer kleinen Schere; Bestäuben dieser Blüte, indem man die reifen Staubgefäße der Blüte des gewünschten Kreuzungspartners gegen ihre Narbe reibt oder den Pollen mit einem kleinen Pinsel überträgt.

d) Die Erbse eignet sich als genetisches Versuchsobjekt gut, da sie leicht zu halten ist und viele Nachkommen in schneller Generationsfolge hervorbringt. Außerdem besitzt sie zahlreiche leicht zu unterscheidende Merkmale. Die Hybriden von Erbsenrassen sind nicht weniger fruchtbar als die reinerbigen Erbsenpflanzen.

Ein weiterer Vorteil ergibt sich aus dem Blütenbau. Die Staubblätter und der Stempel liegen eingeschlossen im Schiffchen, so dass unter natürlichen Verhältnissen eine Fremdbestäubung ausgeschlossen ist. Bei Kreuzungsversuchen erleichtert das solche Kreuzungen, in denen Selbstbestäubung vorgesehen ist.

Aufgabe 2

Zwei Sorten des Löwenmäulchens, einer Gartenpflanze, werden miteinander gekreuzt. Die beiden Sorten haben unterschiedliche Blüten.

Die eine Sorte (I) hat rote, bilateralsymmetrische (achsensymmetrische) Blüten. Die andere Sorte (II) hat weiße, radiärsymmetrische Blüten.

Beide Sorten sind in den Blütenmerkmalen homozygot. Die Blütenfarbe wird intermediär vererbt. Die Anlage für bilateralsymmetrische Blüten ist dominant über die für radiärsymmetrische Blüten. Die Anlagen für die Blütenfarbe und die Blütenform liegen auf verschiedenen Chromosomen.

Die aus der ersten Kreuzung hervorgehenden Nachkommen, die F_1, werden untereinander weiter gekreuzt.

a) Gib die in F_1 und F_2 auftretenden Genotypen und Phänotypen an.

b) Nenne die Zahlenverhältnisse der verschiedenen Genotypen und Phänotypen in der F_1 und der F_2.

Fels, G.: Der Organismus, 1980.

Lösung

a) In der P-Generation werden miteinander gekreuzt:

Die Sorte I: Phänotyp rot und bilateralsymmetrisch, Genotyp rrBB mit der Sorte II: Phänotyp weiß und radiärsymmetrisch, Genotyp wwbb.

Die in der F_1 und F_2 auftretenden Phaeno- und Genotypen lassen sich in einem Kreuzungsschema ermitteln:

P: rrBB x wwbb
F_1: rwBb Genotyp
rosa und bilateralsymnietrisch Phänotyp

Alle Pflanzen in der F_1 haben rosa und bilateralsymmetrische Blüten.

F_2: Kombinationsquadrat

	rB	rb	wB	wb
rB	rrBB	rrBb	rwBB	rwBb
rb	rrBb	rrbb	rwBb	rwbb
wB	rwBB	rwBb	wwBB	wwBb
wb	rwBb	rwbb	wwBb	wwbb

In der F_2 unterscheiden sich die Pflanzen in ihren Blüten. Sie sind:
− rot und bilateralsymmetrisch, oder:
− rot und radiärsymmetrisch, oder:
− weiß und bilateralsymmetrisch, oder:
− weiß und radiärsymmetrisch, oder:
− rosa und bilateralsymmetrisch, oder:
− rosa und radiärsymmetrisch

b) Für die Geno- und Phänotypen ergeben sich folgende Zahlenverhältnisse in der F_2:

Phänotypen
rot und bilateralsymmetrisch   3
rot und radiärsymmetrisch   1
weiß und bilateralsymmetrisch   3
weiß und radiärsymmetrisch   1
rosa und bilateralsymmetrisch   6
rosa und radiärsymmetrisch   2

Genotypen
rrBB   1
rrBb   2
rrbb   1
wwBB   1
wwBb   2
wwbb   1
rwBB   2
rwBb   4
rwbb   2

Aufgabe 3

Hausmäuse kommen in mehreren Rassen vor. Diese Rassen können sich zum Beispiel in der Fellfarbe und im Verhalten unterscheiden. Zwei dieser Rassen sollen miteinander gekreuzt werden:

Die Rasse „A" ist weiß und verhält sich normal.

Die Rasse „B" ist schwarz und hat die Fähigkeit zur geordneten Bewegung der Beine und des Rumpfes beim Laufen teilweise verloren. Die Tiere drehen sich daher meistens im Kreis. Sie werden als „Tanzmäuse" bezeichnet.

Die Gene für die Bewegung und die Haarfarbe liegen auf verschiedenen Chromosomen.

Die Kreuzung homozygoter Tiere der Rasse „A" mit homozygoten Tieren der Rasse „B" ergibt in der F_1 Nachkommen, die alle schwarz sind und sich normal bewegen.

? a) **Stelle in einem Kreuzungsschema dar, welche Genotypen in der F1 auftauchen, wenn die Mäuse der F1 untereinander gekreuzt werden.**

b) **Gib das Zahlenverhältnis an, in dem die Phänotypen in der F_2 auftreten.**

c) **Beschreibe ein Verfahren, mit dem ermittelt werden kann, welche Mäuse der F_2 in den Merkmalen „schwarz" und/ oder „normale Bewegungsweise" heterozygot sind.**

! **Lösung**

a) Um die Genotypen der F_2 angeben zu können, müssen zunächst die Dominanzverhältnisse zwischen den Allelen geklärt werden.

Da alle Tiere der F_1 schwarz sind und sich normal bewegen, muss das Allel „schwarz" über „weiß" dominant sein. Ebenfalls muss das Allel „normale Bewegung" dominant über „gestörte Bewegung" sein.

Die Allele werden mit folgenden Buchstaben angegeben:

A schwarz
a weiß
B normale Bewegung
b gestörte Bewegung („Tanzen")

Der Genotyp der F_1 ergibt sich aus der folgenden Kreuzung:

Rasse „A"   Rasse „B"
P   aa BB   ×   AA bb
F_1 Aa Bb

b) Welche Genotypen in der F$_2$ auftreten, wenn Hausmäuse der F$_1$ miteinander gekreuzt werden, lässt sich in einem Kombinationsquadrat ermitteln.

Kombinationsquadrat:

	AB	Ab	aB	ab
AB	AABB	AABb	AaBB	AaBb
Ab	AABb	AAbb	AaBb	Aabb
aB	AaBB	AaBb	aaBB	aaBb
ab	AaBb	Aabb	aaBb	aabb

c) Heterozygote Mäuse in der F$_2$ können durch Kreuzung mit Tieren festgestellt werden, die in beiden Merkmalen rezessiv homozygot sind. Solche Mäuse sehen weiß aus und „tanzen".
Alle Mäuse der F$_2$, die kein weißes Fell haben und sich normal bewegen, werden mit Tanzmäusen gekreuzt.
   Wenn unter den Nachkommen aus dieser Kreuzung Mäuse vorkommen, die weiß sind und sich wie Tanzmäuse bewegen, dann ist der Elternteil, der keine Tanzmaus ist, heterozygot. Man bezeichnet eine solche Testkreuzung als „Rückkreuzung mit dem rezessiven Elter".

Aufgabe 4

Die Haarform des Menschen wird in einem intermediären Erbgang vererbt. Verantwortlich sind zwei Allele. Ein Allel steuert die Ausbildung glatter Haare, das andere Allel ruft krause Haare hervor. Gewellte Haare treten bei Heterozygotie auf.
   Eine Frau mit gewelltem Haar und Sommersprossen heiratet einen Mann, der ebenfalls gewellte Haare und Sommersprossen besitzt.
   Beide Ehepartner sind im Merkmal „Sommersprossen" heterozygot.
   Die Gene für die Haarform und die Sommersprossen liegen auf verschiedenen Chromosomen.

? a) **Beschreibe, wie die Kinder dieses Ehepaares aussehen können.**

   b) **Gib die Wahrscheinlichkeiten an, mit der die verschiedenen Merkmalskombinationen in der Haarform und in der Hautpigmentierung bei den möglichen Kindern des Paares auftreten.**

Knodel, H., U. Bäßler und A. Haury, Biologie-Praktikum, 1973.

! Lösung

a) Die möglichen Genotypen für die Haarform und die Sommersprossen lassen sich mit folgenden Buchstaben angeben:

gg = glatte Haare   AA = Sommersprossen
gk = gewellte Haare   Aa = Sommersprossen
kk = krause Haare   aa = keine Sommersprossen

Die Mutter trägt den Genotyp gkAa; der Vater trägt gkAa.
Die verschiedenen Merkmalskombinationen der Kinder dieser Eltern lassen sich durch das folgende Kombinationsquadrat ermitteln. Daraus ist auch die Wahrscheinlichkeit, mit der die verschiedenen Merkmalskombinationen auftreten, abzulesen.

Kombinationsquadrat

	gA	ga	kA	ka
gA	ggAA	ggAa	gkAA	gkAa
ga	ggAa	ggaa	gkAa	gkaa
kA	gkAA	gkAa	kkAA	kkAa
ka	gkAa	gkaa	kkAa	kkaa

b) Aus dem Kombinationsquadrat lässt sich ablesen, dass Kinder mit sechs verschiedenen Merkmalskombinationen erwartet werden dürfen. Sie treten mit folgenden Wahrscheinlichkeiten auf:
– mit der Wahrscheinlichkeit von 6/16: Kinder mit Sommersprossen und gewelltem Haar.
– mit der Wahrscheinlichkeit von 3/16: Kinder mit Sommersprossen und krausem Haar.
– mit der Wahrscheinlichkeit von 3/16: Kinder mit Sommersprossen und glattem Haar.
– mit der Wahrscheinlichkeit von 2/16: Kinder ohne Sommersprossen und mit gewelltem Haar.
– mit der Wahrscheinlichkeit von 1/16: Kinder ohne Sommersprossen und mit krausem Haar.
– mit der Wahrscheinlichkeit von 1/16: Kinder ohne Sommersprossen und mit glattem Haar.

Aufgabe 5

In der Wilhelma, dem Zoologischen Garten in Stuttgart, lebt ein Leistenkrokodil mit weißer Haut und roten Augen. Es ist ein Albino. Gewöhnlich haben Leistenkrokodile eine grau und braun gefärbte Haut und bräunliche oder grünliche Augen. Weiße Krokodile mit roten Augen sind sehr selten. Die weiße Hautfarbe und die rote Augenfarbe werden rezessiv vererbt.

In der Wilhelma werden außer dem weißen Krokodil auch mehrere normal gefärbte Leistenkrokodile gehalten. Alle normal gefärbten Tiere im Zoo sind in diesem Merkmal homozygot.

? **Schlage einen Plan für Kreuzungen vor, nach dem möglichst schnell viele weiße Leistenkrokodile herangezogen werden können.**

! **Lösung**

Das Allel für die normale Hautfarbe und bräunliche oder grünliche Augen soll mit dem Buchstaben „A" gekennzeichnet werden, weiße Haut und rote Augen mit „a". AA ist der Genotyp für die normal gefärbten Krokodile im Zoo; aa ist der Genotyp des weißen Krokodils.

In einer ersten Kreuzung wird das weiße Krokodil mit einem normal gefärbten gekreuzt, um heterozygote Nachkommen zu erhalten.

P   AA × aa
F_1 Aa

Darauf folgt die Rückkreuzung der Tiere aus der F_1 mit dem rezessiven Elter, dem weißen Krokodil.

P   Aa × aa
F_1 Aa, aa

Die Wahrscheinlichkeit, dass aus dieser Kreuzung weiße Krokodile hervorgehen, beträgt 50%. Wenn man heterozygote Tiere untereinander kreuzt, beträgt die Wahrscheinlichkeit, dass die Nachkommen den Genotyp „aa" haben, nur 25%.

Zusatz:

Das weiße Krokodil der Wilhelma ist vor einigen Jahren gestorben. Eine Nachzucht, wie sie in der Aufgabe als Plan vorgeschlagen wird, konnte leider nicht durchgeführt werden.

Aufgabe 6

In einem Experiment wurden reine Linien (homozygote Sorten) der Maispflanze gekreuzt. Die Körner von Maiskolben der F_2-Generation wurden ausgezählt. Das Ergebnis der Auszählung von zwei Kolben ist in der Tabelle angegeben.

Eigenschaften der Körner	Anzahl
schwarz und glatt	298
gelb und glatt	105
schwarz und runzelig	102
gelb und runzelig	33

? Benutze im Folgenden als Symbol für die Körnerfarbe die Buchstaben A und a und für die Körnerform B und b.

a) Nenne den Genotyp, den die Körner der F_1-Generation hatten. Berücksichtige, dass reine Linien gekreuzt wurden.

b) Gib alle Phäno- und Genotypen der P-Generation an, die für diesen Kreuzungsversuchs denkbar sind.

c) Erstelle ein Kreuzungsschema (mit Phäno- und Genotypen) bis zur F_2-Generation.

! Lösung

a) Genotyp der Körner der F_1-Generation: AaBb

b) Mögliche Phäno- und Genotypen der P-Generation:

1) AABB   ×   aabb
    schwarz   gelb
    glatt   runzelig

2) AAbb   ×   aaBB
    schwarz   gelb
    runzelig   glatt

c) Kreuzungsschemata
P

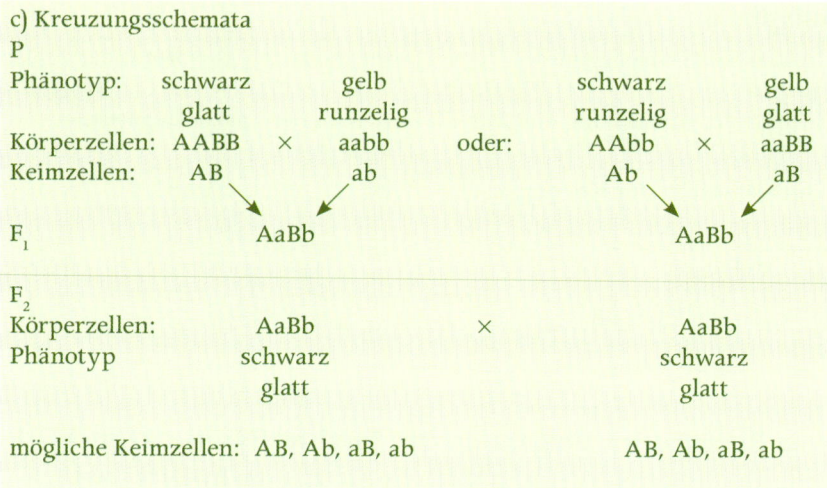

Phänotyp:	schwarz glatt	gelb runzelig		schwarz runzelig	gelb glatt
Körperzellen:	AABB	× aabb	oder:	AAbb	× aaBB
Keimzellen:	AB	ab		Ab	aB

F₁   AaBb   AaBb

F₂
Körperzellen: AaBb   ×   AaBb
Phänotyp   schwarz   schwarz
                 glatt   glatt

mögliche Keimzellen: AB, Ab, aB, ab   AB, Ab, aB, ab

Kombination durch Befruchtung:

	AB	Ab	aB	ab
AB	AABB schw./glatt	AABb schw./glatt	AaBB schw./glatt	AaBb schw./glatt
Ab	AABb schw./glatt	AAbb schw./runz.	AaBb schw./glatt	Aabb schw./runz.
aB	AaBB schw./glatt	AaBb schw./glatt	aaBB gelb/glatt	aaBb gelb/glatt
ab	AaBb schw./glatt	Aabb schw./runz.	aaBb gelb/glatt	aabb gelb/runz.

Aufgabe 7

In einer genetischen Beratungsstelle fragt ein Ehepaar um Rat. Das erste Kind dieses Ehepaares ist ein Albino. Seine Haut und seine Haare sind weißlich, da kein Pigment eingelagert ist. Die Iris der Augen ist rot. Die Eltern dagegen haben keine roten Augen. Ihre Haut und ihre Haare sind normal gefärbt.

Das Ehepaar möchte gern ein zweites Kind haben und fragt daher, wie groß die Wahrscheinlichkeit sei, dass auch das zweite Kind ein Albino sein könne.

Der Berater erklärt zunächst, dass Albinismus rezessiv vererbt wird, und dass das Gen nicht auf einem Geschlechtschromosom liegt. Dann erläutert er, mit welcher Wahrscheinlichkeit das zweite Kind wieder ein Albino sein kann.

? Stelle die Antwort des Beraters dar und erkläre die Überlegungen, mit denen er seinen Rat begründen kann.

! Lösung
Die Wahrscheinlichkeit, mit der auch das nächste Kind des Ehepaares ein Albino ist, beträgt 25 %.

Um diese Angabe machen zu können, muss zunächst der Genotyp der beiden Eltern festgestellt werden. Das bereits geborene, kranke Kind ist homozygot rezessiv (aa). Von den beiden Anlagen des Kindes stammt eine vom Vater und eine von der Mutter. Die Eltern sind phänotypisch gesund. Der Genotyp der Eltern, sowohl des Vaters als auch der Mutter, muss daher heterozygot sein (Aa). Die Eltern tragen also in ihren Zellen eine rezessive Anlage (a) für weiße Haare, weiße Haut und rote Augen und eine dominante Anlage (A) für normale Färbung.

Sobald der Genotyp der Eltern bekannt ist, kann die Wahrscheinlichkeit errechnet werden, mit der homozygot rezessive Nachkommen, also kranke Kinder, entstehen.

Die Häufigkeit, mit der Keimzellen gebildet werden, die das Allel „A" tragen und solche, die das Allel „a" besitzen, ist bei beiden Ehepartnern gleich groß. 50% der in der Meiose entstehenden Keimzellen erhalten das Chromosom mit dem Allel „a", 50% das mit dem Allel „A". Die Wahrscheinlichkeit, dass in der Befruchtung zwei Geschlechtszellen aufeinander treffen, die beide das Allel „a" tragen, errechnet sich aus dem Produkt der Einzelwahrscheinlichkeiten (hier 50%). Sie beträgt also 25%.

Aufgabe 8

Bei 25 % der Europäer nimmt der Urin nach einem Spargelessen einen charakteristischen Geruch an. Der Genotyp der betreffenden Personen, sie werden „Ausscheider" genannt, ist in diesem Merkmal homozygot rezessiv.

? Gib die Wahrscheinlichkeit an, mit der aus einer Ehe zwischen einem Ausscheider und einem heterozygoten Nichtausscheider ein Kind hervorgeht, das Nichtausscheider ist. Begründe deine Aussage durch Darstellung eines Erbgangs.

! Lösung
Das Allel für die Fähigkeit, die Duftstoffe auszuscheiden, wird im Erbgang mit dem Buchstaben „a" gekennzeichnet; das entsprechende dominante Allel für das Fehlen dieser Fähigkeit mit „A".

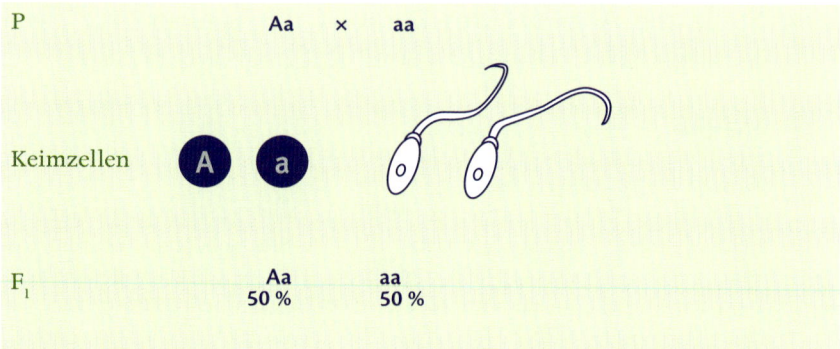

P   Aa   ×   aa

Keimzellen   A   a

F₁   Aa   aa
                    50 %   50 %

Die Wahrscheinlichkeit, dass das Kind Nichtausscheider ist, beträgt 50%.

Aufgabe 9

Es gibt Erbsensorten, die sich in der Form ihrer endständigen Fiederblättchen unterscheiden. Drei dieser Sorten werden miteinander gekreuzt, um die Dominanzverhältnisse der Allele zu ermitteln, die die Ausbildung der verschiedenen Fiederblättchen steuern.

Gekreuzt werden:

a. Sorte mit „normaler" Blattform

b. Sorte mit der Blattform „petiolule"

c. Sorte mit der Blattform „acacia"

In der Grafik sind die Kreuzungen und deren Ergebnisse dargestellt. Angegeben sind die Phänotypen. Die Pflanzen der P-Generation sind homozygot, die Pflanzen der F₁ bestäuben sich selbst.

Kreuzung 1:		
P: normal	x	petiolule
F₁:	normal	
F₂: normal	x	petiolule
3	:	1

Kreuzung 2:		
P: normal	x	acacia
F₁:	normal	
F₂: normal	x	acacia
3	:	1

Kreuzung 3:		
P: petiolule	x	acacia
F₁:	petiolule	
F₂: petiolule	x	acacia
3	:	1

? Gib die Dominanzverhältnisse der Allele an, die an der Ausbildung der Blattform beteiligt sind.

Nenne den Fachbegriff für einen solchen Fall, bei dem ein Gen in verschiedenen Zuständen auftritt und damit unterschiedliche Merkmale hervorruft.

Gottschalk, W.: Allgemeine Genetik, 1989.

> **! Lösung**
> Normal dominiert über petiolule und acacia.
> Petiolule dominiert über acacia.
> Diese Form der Vererbung wird als multiple Allelie bezeichnet.

Aufgabe 10

Der Gauchheil gehört zur Familie der Primelgewächse. Er wächst bei uns wild und kommt in mehreren Sorten vor.
– Sorte „I"   hat rote Blüten
– Sorte „II" hat blaue Blüten
– Sorte „III" hat rosa Blüten

Durch Kreuzungen konnte man klären, wie die Blütenfarbe vererbt wird. Dazu hat man die unten angegebenen Kreuzungsversuche gemacht, in denen nur Pflanzen verwendet wurden, die bezüglich der Blütenfarbe homozygot waren.
– Kreuzung 1: Gekreuzt wurden: rot blühende Pflanzen mit blau blühenden Pflanzen. In der F_1 hatten alle Pflanzen rote Blüten
– Kreuzung 2: Gekreuzt wurden: rot blühende Pflanzen mit rosa blühenden Pflanzen. In der F_1 hatten alle Pflanzen rote Blüten
– Kreuzung 3: Gekreuzt wurden: rosa blühende Pflanzen mit blau blühenden Pflanzen. In der F_1 hatten alle Pflanzen rosafarbene Blüten

? a) Gib die Art der Vererbung der Blütenfarbe an.

b) Die F_1 der Kreuzung 3 soll untereinander weitergekreuzt werden. Fertige für eine solche Kreuzung ein Kreuzungsschema an. Berücksichtige dabei sowohl die Genotypen, wie auch die Phänotypen, und gib die zu erwartenden Häufigkeiten in Prozent an.

! Lösung

a) Der Blütenfarbe liegt eine multiple Allelie zugrunde. Dabei ist das Allel für die rote Färbung der Blüte dominant sowohl über rosa wie auch über blau; das Allel für rosafarbene Blüten ist dominant über blau.

b) Symbole für die Allele:
R_1 = rot, R_2 = rosa, r = blau

Kreuzungsschema:

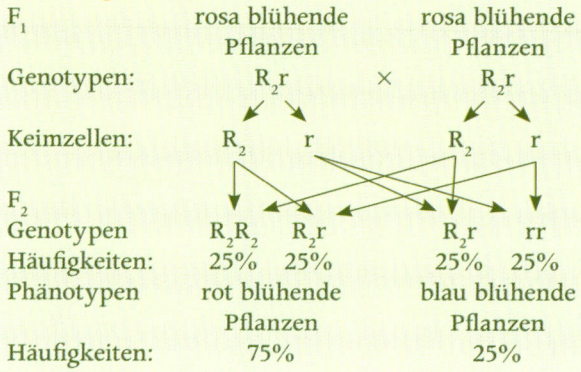

F_1	rosa blühende		rosa blühende	
	Pflanzen		Pflanzen	
Genotypen:	R_2r	×	R_2r	
Keimzellen:	R_2 r		R_2 r	
F_2				
Genotypen	R_2R_2 R_2r		R_2r rr	
Häufigkeiten:	25% 25%		25% 25%	
Phänotypen	rot blühende		blau blühende	
	Pflanzen		Pflanzen	
Häufigkeiten:	75%		25%	

Chromosomale Genetik

Aufgabe 11

Die Kartoffelpflanze bildet an unterirdischen Teilen des Sprosses Knollen aus, die Kartoffeln. Außerdem trägt sie Blüten, aus denen nach der Befruchtung kirschgroße Früchte heranwachsen.

In einem Versuch werden aus den Samen einer Kartoffelpflanze neue Pflanzen herangezogen. Aus den Knollen derselben Kartoffelpflanze werden ebenfalls neue Pflanzen aufgezogen.

Zwischen den neuen Kartoffelpflanzen lassen sich zahlreiche Unterschiede feststellen, obwohl sie von ein und derselben Mutterpflanze stammen.

? Erkläre die Unterschiede, zwischen:

a) den Pflanzen, die aus Samen hervorgegangen sind, und den Pflanzen, die aus Knollen entstanden sind.

b) den Pflanzen, die alle aus Samen herangewachsen sind.

c) den Pflanzen, die sich aus Knollen entwickelt haben.

! Lösung

• a) Samen bilden sich durch die Vereinigung von Keimzellen bei der Befruchtung. Keimzellen entstehen durch Meiose. In der Meiose können Gene neu kombiniert werden. Das geschieht durch die zufällige Kombination der Chromosomen in der Anaphase der ersten Reifungsteilung und durch Crossing over. Wegen der Vereinigung der Keimzellen bei der Befruchtung können daher die Samen derselben Kartoffelpflanze unterschiedliche Genotypen besitzen.

Knollen entstehen durch Mitosen. Sie haben alle denselben Genotyp, da in der Mitose die genetische Information unverändert weitergegeben wird. Die Unterschiede zwischen den Pflanzen, die aus Samen entstanden sind, und solchen, die aus Knollen hervorgingen, können daher nur auf unterschiedlichen Genotypen beruhen.

b) Pflanzen, die alle aus den Samen derselben Kartoffelpflanze stammen, können unterschiedliche Genotypen besitzen. Die Keimzellen ein und derselben Pflanzen tragen mit sehr hoher Wahrscheinlichkeit unterschiedliche Gene in ihren Chromosomen, weil sie ja durch Meiose entstanden sind. Die aus Samen entstehenden Nachkommen derselben Pflanze sind also mit hoher Wahrscheinlichkeit genetisch unterschiedlich, weil sowohl die männlichen Keimzellen (Pollen), wie auch die weiblichen (Eizellen) untereinander nicht identisch sind.

c) Pflanzen, die aus Knollen derselben Kartoffelpflanze entstanden sind, haben alle dieselben Erbanlagen. Unterschiede zwischen ihnen können nur durch äußere Einflüsse ausgelöst sein. Man nennt Unterschiede, die durch Umwelteinflüsse hervorgerufen wurden und die Gene nicht verändern, Modifikationen.

Aufgabe 12

In einem Bienenstock lebt meistens nur eine einzige Königin. Nur die Königin kann Eier legen. Aus befruchteten Eiern werden Arbeiterinnen und einige wenige neue Königinnen aufgezogen. Drohnen, die männlichen Honigbienen, entstehen aus unbefruchteten Eiern.

? Haben alle Drohnen in einem Bienenstock dieselben Erbanlagen, sind sie also genetisch identisch? Begründe deine Antwort.

> **! Lösung**
>
> Die Drohnen eines Bienenstocks können sich in ihren Erbanlagen unterscheiden, da bei der Bildung der Eizellen in der Meiose eine Neukombination (Rekombination) der Allele möglich ist. Diese Neukombination der Gene kann in der Meiose bei der Verteilung der homologen Chromosomen auf die Tochterzellen geschehen, aber auch durch Crossing over. Auch die unbefruchteten Eier, die die Bienenkönigin legt, können daher untereinander genetisch verschieden sein, und damit ist das auch bei den Nachkommen, den Drohnen, möglich, die aus diesen Eiern entstehen.

Aufgabe 13

Die Braunalge *Dictyota* kommt im Meer in einer haploiden und einer diploiden Form vor. Die beiden Formen, die sich äußerlich gleichen, gehen auf folgende Weise auseinander hervor:

Die diploiden *Dictyota*-Pflanzen (Form „S") bilden in der Meiose haploide Zellen, die „Sporen". Aus diesen Sporen wachsen vielzellige männliche und weibliche Pflanzen heran. Diese Pflanzen sind haploid. Sie sollen hier als die Formen G_1 und G_2 bezeichnet werden. An diesen Pflanzen werden durch Mitosen Keimzellen (Geschlechtszellen) gebildet. Die männlichen Pflanzen (G_1) bilden Spermazellen, die weiblichen Pflanzen (G_2) Eizellen.

Nach der Befruchtung wachsen aus der Zygote (befruchtete Eizelle) vielzellige, diploide Pflanzen heran, die oben bereits genannte Form „S". An diesen Pflanzen werden, wie beschrieben, haploide Sporen gebildet.

? a) Haben haploide Algen, die aus den Sporen derselben Pflanze heranwachsen, alle die gleichen Erbanlagen? Begründe deine Antwort.

b) Erläutere die Vorteile, die Algen der Formen G_1 und G_2 für ihre Verwendung in der genetischen Forschung haben.

c) Diploide Algen, die vom selben Elternpaar abstammen, können sich im Phänotyp unterscheiden. Erläutere die Frage, ob sie auch im Genotyp voneinander abweichen. Erkläre, wodurch sich die Unterschiede im Phänotyp erklären lassen.

Strasburger E. u. a.: Lehrbuch der Botanik, 1967.

! Lösung

a) Diese haploiden Algen können verschiedene Erbanlagen haben. Sie wachsen aus haploiden Sporen heran, die in den diploiden Pflanzen durch Meiose gebildet wurden. In der Meiose können Allele neu kombiniert werden, und dadurch können die einzelnen Sporen verschiedene Erbanlagen erhalten, ihre Genotypen können also voneinander abweichen.

b) Die Pflanzen der Formen G_1 und G_2 sind haploid. Haploide Pflanzen sind für die genetische Forschung günstig, da ihr Phänotyp direkt auf den Genotyp schließen lässt. Rezessive Allele können nicht von dominanten überdeckt werden, weil ja jeweils nur ein Allel vorhanden ist.

c) Alle diese Algen haben denselben Genotyp. Die Samenzellen (Spermatozoen), aus denen sie entstanden sind, sind untereinander identisch, ebenso sämtliche Eizellen, weil sie bei dieser Alge durch Mitose gebildet werden. Im Gegensatz zur Meiose werden die Erbanlagen in der mitotischen Zellteilung nicht unterschiedlich verteilt. Alle Zygoten enthalten also die gleichen Erbanlagen. Nur ganz selten können Mutationen auftreten, die dann zu Algen mit abweichendem Genotyp führen.

Die phänotypischen Unterschiede sind in den meisten Fällen durch voneinander abweichende Umwelteinflüsse zu erklären. In einigen, sehr wenigen Fällen könnte jedoch auch eine Mutation Ursache der Verschiedenheit sein, die dann einen veränderten Genotyp zur Folge hat, die eine Abweichung im Phänotyp bewirken kann.

Aufgabe 14

? Sind Kinder derselben Eltern untereinander genetisch identisch? Begründe deine Antwort.

! Lösung

Die Kinder könnten untereinander nur dann genetisch identisch sein, wenn sowohl der Vater wie auch die Mutter in allen Merkmalen homozygot wären. Dann wären sowohl alle Eizellen, wie auch alle Spermazellen untereinander genetisch identisch, alle Eizellen hätten identische Allele, ebenso alle Spermien.

Wegen der großen Zahl von Merkmalen und der sie bestimmenden Gene ist Homozygotie in allen Genen äußerst unwahrscheinlich. Für die Gene, die die Ausbildung des Geschlechts steuern, besteht beim Vater immer Hemizygotie (XY). Daraus ergibt sich in jedem Fall eine genetische Ungleichheit zwischen den Kindern, wenn sie sich im Geschlecht unterscheiden (Sohn: XY, Tochter: XX).

Wenn die Eltern in einigen Merkmalen heterozygot sind, ist die genetische Ungleichheit der Kinder sehr wahrscheinlich, weil:
- die Kombination der Chromosomen in der Meiose zufällig erfolgt, und so unterschiedliche Geschlechtszellen entstehen.
- die Kombination der Chromosomen in der Befruchtung zufällig erfolgt. Es hängt vom Zufall ab, welches Spermium welche Eizelle befruchtet.
- die Allele auf homologen Chromosomen durch Crossing over neu kombiniert werden können.

Dass Kinder derselben Eltern untereinander genetisch identisch sind, ist daher so unwahrscheinlich, dass es ausgeschlossen werden kann.

Eine Ausnahme machen eineiige Zwillinge. Sie entstehen nach der Befruchtung durch eine Mitose. Mitosen führen zu genetisch identischen Zellen, und daher tragen auch die aus den Tochterzellen heranwachsenden Zwillingskinder identische Allele.

Aufgabe 15

? **Ein Ehepaar hat sechs Söhne. Mit welcher Wahrscheinlichkeit darf damit gerechnet werden, dass auch das siebte Kind ein Sohn sein wird? Begründe deine Antwort.**

! **Lösung**

Das Geschlecht des Kindes wird durch die Geschlechtschromosomen bestimmt. Alle Eizellen tragen ein X-Chromosom. In den Spermienzellen kann ein X- oder ein Y-Chromosom liegen.

Wenn eine Spermienzelle, in der ein X-Chromosom enthalten ist, eine Eizelle befruchtet, dann entsteht daraus immer ein Mädchen. Aus einer Spermienzelle mit einem Y-Chromosom entwickelt sich ein Junge.

Die Verteilung der Geschlechtschromosomen auf die Spermienzellen in der Meiose erfolgt zufällig. Daher tragen 50% der Spermien ein Y-Chromosom und 50% ein X-Chromosom.

Die Wahrscheinlichkeit, dass auch das siebte Kind ein Sohn wird, liegt daher bei 50 %. Wieviele Geschwister dieses Kind hat, ist für die Wahrscheinlichkeit, dass durch die Befruchtung die Kombination von einem X- und einem Y-Chromosom zustande kommt, ohne Bedeutung.

Aufgabe 16

„Alle Gestalten sind ähnlich, und keine gleichet
der anderen: Und so deutet das Chor auf ein
geheimes Gesetz, auf ein heiliges Räthsel."

Goethe, J. W. v.: „Metamorphose der Pflanzen", Berlin, 1984.

In dem Zitat aus dem Lehrgedicht Goethes ist die Rede davon, dass Lebewesen einander ähnlich sind und gleichzeitig individuell verschieden.

a) Erläutere dieses Phänomen, indem du Erkenntnisse der Genetik zur Hilfe nimmst. Verwende bei der Erklärung auch die Begriffe „Gen" und „Allel".

b) Beschreibe kurz die Vorgänge, die für die Entstehung der Unterschiede zwischen den Individuen einer Art verantwortlich sein können.

Lösung

a) Alle Individuen einer Art haben die gleichen Gene. Die Individuen können sich aber durch die Allele, die spezifischen Typen eines Gens, unterscheiden. Zum Beispiel wird durch Gene gesteuert, dass allen Menschen Haare auf dem Kopf wachsen. Die spezifische Ausprägung dieser Gene und ihre spezifische Kombination in den Körperzellen bestimmen die Haarform und die Haarfarbe. Sie legen z. B. fest, ob die Kopfhaare blond, braun oder schwarz sind und ob sie eine glatte, gewellte oder krause Form haben.

b) Unterschiede zwischen den Individuen einer Art können verursacht werden durch:
1) Mutationen; das sind Veränderungen der genetischen Information. Bei einer Punktmutation (Genmutation) verändert sich der spezifische Typ eines Gens in einen anderen, d. h. ein Allel ändert sich in ein anderes, das einen leicht veränderten Informationsgehalt hat. Bei Chromosomen- und Genommutationen ändern sich Chromosomen oder ganze Genome (Chromosomenbestände).
2) Rekombination; das ist eine Veränderung der Kombination von Allelen. Verantwortlich dafür ist:
– die Meiose. In der Anaphase der ersten Reifungsteilung der Meiose werden homologe Chromosomen voneinander getrennt, so dass aus einem diploiden Chromosomensatz ein haploider entsteht. Dabei ist dem Zufall unterworfen, welches der beiden homologen Chromosomen an welchen

Pol der Zelle gerät und damit zum Chromosomensatz der sich bildenden Keimzelle gehört. Da die beiden Partner eines homologen Chromo-
somenpaares unterschiedliche Allele tragen können, wird durch diesen
Vorgang die genetische Information neu zusammengestellt, d.h. rekom-
biniert.
– die Befruchtung. In der Befruchtung bleibt dem Zufall überlassen, welche der männlichen Keimzellen mit welcher der Eizellen verschmilzt.
Da durch die Meiose (Anaphase der ersten Reifungsteilung s.o.) mit sehr
hoher Wahrscheinlichkeit Keimzellen mit unterschiedlicher genetischer
Information entstehen, können auch die Genotypen der Zygoten (befruchtete Eizellen) unterschiedlich sein.
– das Crossing over (während der Meiose können Stücke zwischen homologen Chromosomen ausgetauscht werden. Auf diese Weise kann das
Allelmuster eines Chromosoms neu kombiniert werden)
3) Modifikation. Das sind Veränderungen des Phänotyps durch Umwelteinflüsse. Auch bei vollständig identischer Information zweier Individuen
einer Art können Unterschiede im Phänotyp auftreten. Viele Gene enthalten keine Information für die genaue Ausbildung eines Merkmals, sondern
sie legen nur Grenzen fest, innerhalb dessen sich die Merkmale ausprägen
können. So kann z. B. eine Pflanze sehr groß werden, wenn der Gehalt an
Nährsalzen im Boden optimal ist, oder eine nur geringe Höhe erreichen,
wenn wichtige Mineralien im Boden fehlen. Genetisch festgelegt sind in
einem solchen Fall die maximale und die minimale Größe der Pflanze.

Aufgabe 17

Zwei verschiedene, homozygote Sorten (Rassen) der Tomate werden miteinander
gekreuzt.
Die eine Sorte ist hochwüchsig und hat runde Früchte.
Die andere Sorte ist zwergwüchsig und hat birnenförmig Früchte.
In der F_1 waren alle Pflanzen hochwüchsig und trugen runde Früchte.
Die Pflanzen der F_1 wurden untereinander gekreuzt. In der F_2 waren 75% der Pflan-
zen hochwüchsig und trugen runde Früchte, 25% waren zwergwüchsig und trugen
birnenförmige Früchte.

? a) **Nenne die Mendelsche Regel, die durch das Ergebnis der F_2
verletzt wird.**

b) **Erkläre, wie es zu dieser Verletzung der Mendelschen Regel
kommt.**

! **Lösung**

a) Verletzt wird die dritte Mendelsche Regel (Unabhängigkeitsregel). Nach dieser Regel sind die Erbanlagen bei der Bildung der Keimzellen und bei der Befruchtung unabhängig voneinander kombinierbar.

b) Die Allele für die Merkmale der Wuchshöhe (hoch- oder zwergwüchsig) und der Form der Früchte (rund oder birnenförmig) sind nicht frei kombinierbar, da sie auf jeweils demselben Chromosom liegen. Sie sind gekoppelt (gehören zur selben Koppelungsgruppe). Wenn die Allele unabhängig voneinander auf die Keimzellen verteilt würden, müssten unter den Nachkommen der F_2 auch hochwüchsige Pflanzen mit birnenförmigen Früchten auftreten und zwergwüchsige mit runden Früchten.

Zusatz:

Durch Crossing over lassen sich die Koppelungsgruppen aufheben. In solchen Fällen können in der F_2 auch hochgewachsene Tomatenpflanze mit birnenförmige Früchte auftreten bzw. zwergwüchsige mit runden Früchten.

Morgan-Genetik

Aufgabe 18

TH. H. MORGAN benutzte für Kreuzungsexperimente Fruchtfliegen aus der Gattung *Drosophila*. Diese kleinen, nur wenige Millimeter langen Fliegen kommen in zahlreichen, gut untersuchten Rassen vor. MORGAN konnte in sehr vielen Fällen in Kreuzungsexperimenten feststellen, welche Gene auf demselben Chromosomen liegen. Außerdem konnte er die Lage der Gene zueinander auf einem Chromosom ermitteln. Das schloss er aus der Häufigkeit von Kopplungsbrüchen.

Das Ergebnis eines solchen Kreuzungsexperiments ist unten vereinfacht dargestellt. Gekreuzt wurden Tiere mit folgenden Genotypen:

Weibchen	Männchen
AaBbDd	aabbdd

dabei bedeutet:
- A wildfarbener Körper
- a schwarzer Körper
- B normale (wildfarbene) Augen
- b purpurne Augen

D = normale Flügel
d = Stummelflügel

In der F_1 traten folgende Individuen auf:

Anzahl	Phänotyp
889	wildfarben / normale Augen / normale Flügel
911	schwarz / purpurne Augen / Stummelflügel
134	wildfarben / normale Augen / Stummelflügel
124	schwarz / purpurne Augen / normale Flügel
51	wildfarben / purpurne Augen / Stummelflügel
54	schwarz / normale Augen / normale Flügel

? **Stelle die Lage der drei Gene, welche diese Merkmale ausprägen, auf dem Chromosom fest. Gib die Abstände zwischen den Genen in Morgan-Einheiten an. Begründe deine Darstellung.**

Fels, G.: Genetik, 1981.

! **Lösung**

Die Lage der Gene und ihre Abstände zueinander lassen sich aus der Häufigkeit von Kopplungsbrüchen durch Crossing over ermitteln. Dazu muss zunächst festgestellt werden, welche Allele miteinander gekoppelt sind. Kopplungsgruppen werden nur selten durch Crossing over aufgelöst. Die meisten Nachkommen entstehen aus Keimzellen, in denen die Allele nicht entkoppelt wurden.

In MORGANS Kreuzungsexperiment ist der größte Teil der Nachkommen entweder wildfarben und hat normale Augen und Flügel oder ist schwarz und hat purpurne Augen und Stummelflügel. Demnach sind die Allele A, B und D miteinander gekoppelt, und die Allele a, b und d liegen auf einem anderen Chromosom. Die zur Kreuzung verwendeten Tiere tragen also auf einem Chromosom die Allele A, B und D und auf dem dazu homologen Chromosom die Allele a, b und d.

Zwei Gene liegen umso weiter voneinander entfernt, je mehr Tiere auftreten, bei denen Crossing over zwischen diesen beiden Genen stattgefunden hat. Der Anteil dieser Tiere an der Gesamtzahl der Nachkommen gibt die Austauschhäufigkeit der Allele der beiden Gene an. Die Austauschhäufigkeit ist die Maßeinheit für den relativen Abstand zweier Gene. Sie wird als „Morgan-Einheit" bezeichnet. Eine Morgan-Einheit entspricht der Austauschhäufigkeit von 1%.

Durch Crossing over zwischen den Genen für die Körperfarbe und für die Augenfarbe entstanden 51 Fliegen mit einem wildfarbenen Körper, purpurnen Augen und Stummelflügeln sowie 54 Fliegen mit einem schwarzen Körper, normalen Augen und normalen Flügeln; also insgesamt 105 Tiere bei denen ein Austausch von Chromatiden stattfand.

Die Austauschhäufigkeit ist damit

$$\frac{105}{2163} = 0,049$$

Das sind 4,913%.

Die Austauschhäufigkeiten der anderen Gene werden auf dieselbe Weise errechnet.

Berechnung der Austauschhäufigkeiten (Morgan-Einheiten)

Gesamtzahl der Tiere 2163

davon ohne Crossing over 1800 das entspricht 83,2%

Crossing over zwischen
dem Gen Körperfarbe (A/a) 105 das entspricht 4,9%
und dem Gen Augenfarbe (B/b).

Crossing over zwischen
dem Gen Augenfarbe (B/b) 258 das entspricht 11,9%
und dem Gen Flügelform (D/d).

Crossing over zwischen
dem Gen Körperfarbe (A/a) 363 das entspricht 16,8%
und dem Gen Flügelform (D/d).

Daraus ergibt sich folgende Lage der Gene zueinander:

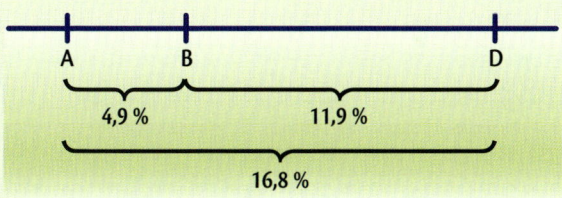

Die Gene sind jeweils als dominantes Allel angegeben.

Aufgabe 19

Der Genetiker TH. H. MORGAN konnte für Fliegen der Gattung *Drosophila* Genkarten aufstellen. In ihnen wird die mögliche Anordnung der Gene auf den Chromosomen angegeben. Außerdem konnte er die Abstände der Gene auf den Chromosomen bestimmen.

MORGAN gewann seine Erkenntnisse durch zahlreiche Kreuzungsexperimente mit *Drosophila*. Er schrieb seine Versuchspläne und die Ergebnisse in einer besonderen Art auf. Diese Schreibweise für Kreuzungsexperimente ist in viele Lehrbücher der Genetik übernommen worden.

Aus einem Lehrbuch der Genetik stammen auch die nachfolgenden Kreuzungsexperimente, dargestellt in der Schreibweise von MORGAN. Dabei stehen die Allele eines Gens jeweils untereinander. Das eine, von der Mutter stammende Gen steht oberhalb der horizontalen Linie, das andere unterhalb.

Die Allele des Wildtyps („normale", aus der Natur isolierte Fliegen) werden durch ein + gekennzeichnet; durch Mutation veränderte Gene werden mit Buchstaben angegeben.

In den drei, unten aufgeführten Kreuzungen werden *Drosophila*-Stämme miteinander gekreuzt, die sich in der Augenfarbe, der Flügelform und der Behaarung unterscheiden. Die unterschiedlichen Merkmale werden durch je ein Allel hervorgerufen.

Die in den Kreuzungen verwendeten Tiere tragen folgende Allele:

se = braune Augen / + = rote Augen

D = gespreizte Flügel / + = normale Flügel

H = Behaarung fehlt an einigen Stellen des Körpers / + = Behaarung vollständig

Der Anteil der Tiere mit einem bestimmten Genotyp an der Gesamtzahl der Nachkommen ist jeweils in Prozent angegeben.

A

P $\dfrac{se \quad +}{se \quad +}$ (♀)   X $\dfrac{se \quad D}{+ \quad +}$ (♂)

F₁ $\dfrac{se \quad +}{+ \quad +}$ $\dfrac{se \quad +}{se \quad +}$
    50 %   50 %

B

P $\dfrac{se \quad D}{+ \quad +}$ (♀)   X $\dfrac{se \quad +}{se \quad +}$ (♂)

F₁ $\dfrac{se \quad +}{se \quad +}$ $\dfrac{se \quad D}{se \quad +}$ $\dfrac{+ \quad D}{se \quad +}$ $\dfrac{se \quad +}{se \quad +}$
   43 %   43 %   7 %   7 %

C

P $\dfrac{+ \quad +}{D \quad H}$ (♀)   X $\dfrac{+ \quad +}{+ \quad +}$ (♂)

F₁ $\dfrac{D \quad H}{+ \quad +}$ $\dfrac{+ \quad +}{+ \quad +}$ $\dfrac{D \quad +}{+ \quad +}$ $\dfrac{+ \quad H}{+ \quad +}$
  37,45 %   37,45 %   12,55 %   12,55 %

? a) Erkläre das Ergebnis der Kreuzung A.

b) Erkläre das Ergebnis der Kreuzung B.

c) Gib mögliche Anordnungen der Gene auf dem Chromosom an.

d) Schlage ein Verfahren vor, mit dem entschieden werden könnte, welche der möglichen Anordnungen richtig ist. Begründe deinen Vorschlag.

Bresch, C.: Klassische und molekulare Genetik, 1965.

! Lösung

a) Die Gene für die Augenfarbe und die Flügelform sind miteinander gekoppelt, da in der F_1 nur zwei verschiedene Genotypen auftreten. Bei freier Kombinierbarkeit, wenn also die Gene auf verschiedenen Chromosomen lägen, würden in der F_1 vier verschiedene Genotypen in gleichem Zahlenverhältnis entstehen.

b) Die Kopplung der Gene für die Augenfarbe und die Flügelform ist bei 14 % der Tiere in der F_1 aufgehoben. Diese Entkopplung geschieht durch Crossing over.

Crossing over kann bei *Drosophila* nur während der Eizellenbildung geschehen, nicht jedoch während der Spermabildung. Da die Weibchen in der Kreuzung A homozygot sind, macht sich Entkopplung durch Crossing over in den Genotypen der F_1 nicht bemerkbar.

c) Die Möglichkeiten der Genanordnung auf dem Chromosom, hier jeweils durch die mutierten Allele angegeben, sind:

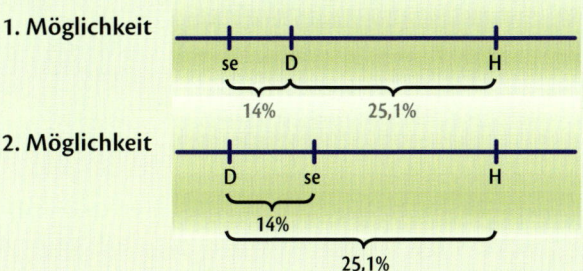

d) Um die richtige Anordnung der Gene erkennen zu können, muss der Abstand zwischen dem Gen für die Augenfarbe und dem für Körperbehaarung festgestellt werden.

Dazu müssen Weibchen, die in diesen Merkmalen heterozygot sind, mit homozygot rezessiven Männchen gekreuzt werden. Unter den Nachkommen homozygoter Weibchen wären die Tiere, die durch Crossing over entstanden sind, nicht von normalen Tieren zu unterscheiden. Daher sind heterozygo-te Weibchen für diese Kreuzung erforderlich. Dominante Allele der Männ-chen könnten rezessive Allele, die durch Crossing over in den Genotyp eines Tieres der F_1 gelangten, überdecken. Daher wählt man für diese Kreuzung Männchen, die rezessive Gene der betreffenden Merkmale tragen.

Der Abstand der Gene zueinander ergibt sich aus dem Anteil der Tiere, bei denen Entkopplung stattgefunden hat, an der Gesamtzahl der Nach-kommen. Durch die Entkopplung werden Allele eines homologen Chromo-somenpaares ausgetauscht. Die Austauschhäufigkeit, angegeben in Prozent, ist das Maß für den Abstand zweier Gene auf dem Chromosom.

Mögliche Ergebnisse dieser Kreuzung, mit dem der Abstand zwischen dem Gen für Augenfarbe und dem für die Behaarung festgestellt werden soll, sind im Folgenden dargestellt.

$$P \quad \frac{se \quad H}{+ \quad +} \; (\female) \quad X \quad \frac{se \quad +}{se \quad +} \; (\male)$$

$$F_1 \quad \frac{se \quad H}{se \quad +} \qquad \frac{+ \quad +}{se \quad +} \qquad \frac{se \quad +}{se \quad +} \qquad \frac{+ \quad H}{se \quad +}$$
$$\qquad 30{,}45\,\% \qquad 30{,}45\,\% \qquad 19{,}55\,\% \qquad 19{,}55\,\%$$

oder:

$$F_1 \quad \frac{se \quad H}{se \quad +} \qquad \frac{+ \quad +}{se \quad +} \qquad \frac{se \quad +}{se \quad +} \qquad \frac{+ \quad H}{se \quad +}$$
$$\qquad 44{,}45\,\% \qquad 44{,}45\,\% \qquad 5{,}55\,\% \qquad 5{,}55\,\%$$

Wenn das Ergebnis dieser Kreuzung eine Austauschhäufigkeit von 39,1% (= 19,55% + 19,55%) ergibt, ist die erste Möglichkeit der Anordnung rich-tig (25,1% + 14%). Ergibt sie 11,1% (= 5,55% + 5,55%), dann trifft die zweite Möglichkeit der Anordnung zu (25,1% - 14%).

Aufgabe 20

Durch Kreuzungsexperimente ist bei *Drosophila* für drei Merkmale die unten dar-gestellte Lage der Genorte auf einem Chromosom ermittelt worden. Die Abstände sind in Morgan-Einheiten angegeben.

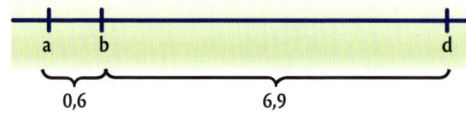

– a steht für das Allel: „gelber Körper"
– b steht für das Allel: „breite Flügel"
– d steht für das Allel: „rubinfarbene Augen"

Diese drei Allele sind rezessiv. Die entsprechenden dominanten Allele sind:

- A „brauner Körper"
- B „normale Flügel"
- D „normale Augen"

? Schlage eine oder mehrere Kreuzungen vor, durch die sich die Lage der Gene ermitteln lässt, die in der Abbildung dargestellt ist.

Begründe deinen Vorschlag.

! **Lösung**
Geeignet sind entweder eine trihybride Kreuzung oder mehrere dihybride Kreuzungen. In der Übersicht sind dihybride Kreuzungen dargestellt. Der Anteil der verschiedenen Genotypen an der Gesamtzahl der Tiere in der F_1 ist jeweils in Prozenten angegeben.

		♀		♂		
1.	P	AaBb	X	aabb		
	F_1	AaBb		aabb	Aabb	aaBb
		49,7 %		49,7 %	0,3 %	0,3 %
2.	P	♀ AaDd	X	♂ aadd		
	F_1	AaDd		aadd	Aadd	aaDd
		46,25 %		46,25 %	3,75 %	3,75 %
3.	P	♀ BbDd	X	♂ bbdd		
	F_1	BbDd		bbdd	Bbdd	bbDd
		46,55 %		46,55 %	3,45 %	3,45 %

Die Lage der Gene lässt sich aus der Häufigkeit der Entkopplung (Crossing over) ableiten. Auf dem Chromosom werden weiter voneinander entfernt liegende Gene durch Crossing over häufiger voneinander getrennt als näher beieinander liegende Gene. Die Häufigkeit der Trennung zweier Gene durch Crossing over ist das Maß für ihren Abstand voneinander.

Der Abstand zwischen den Genen für die Körperfarbe und die Flügelform beträgt 0,6 Morgan-Einheiten (Kreuzung 1). 0,6% aller Tiere der F_1 sind also aus Keimzellen entstanden, in denen die Allele a und b durch Crossing over getrennt wurden. Dabei erhielten 0,3% der Nachkommen ein Chromosom mit den Allelen A und b und 0,3% mit den Allelen a und B. Aus der Kreuzung 2 lässt sich der Abstand von a zu d erschließen, aus Kreuzung 3 der von b zu d.

Das Crossing over tritt bei *Drosophila* nur in der Meiose der Weibchen auf. Um feststellen zu können, ob und wie häufig Crossing over zwischen bestimmten Genen stattfindet, müssen daher in den Kreuzungen die Weibchen in den jeweiligen Merkmalen heterozygot sein. Die Männchen sollten homozygot rezessiv sein. Bei homozygoten Weibchen in der P-Generation wären die Ergebnisse in der F_1 mit und ohne Crossing over gleich. Homozygot rezessive Männchen sind günstig für die Kreuzung, da sie dafür sorgen, dass in der F_1 die von den Weibchen vererbten Allele zur Ausprägung kommen, also nicht von Allelen, die von den Vätern stammen, überdeckt werden.

Modifikation

Aufgabe 21

Schüler und Schülerinnen erhalten im Biologieunterricht einige Bohnensamen. Die ausgeteilten Samen stammen aus einer reinen Linie, sind also untereinander genetisch identisch. Zu Hause sollen die Schüler daraus Bohnenpflanzen heranziehen.

Ein Schüler beklagt sich, er habe nur sehr kleine Samen erhalten und befürchte nun, die daraus entstehenden Pflanzen werden ebenfalls nur sehr kleine Bohnensamen tragen.

? Erkläre, ob die Sorge des Schülers berechtigt ist.

! Lösung

Die Sorge des Schülers ist unberechtigt.

Da die Samen untereinander genetisch identisch sind, können Größenunterschiede nur durch Modifikation auftreten.

Modifikationen sind aber nicht vererbbar. Da die ausgeteilten Samen aus einer reinen Linie stammen, ist jeder Samen mit der gleichen Reaktionsnorm ausgestattet. Daher können auch aus kleinen Samen Bohnenpflanzen entstehen, die große Samen tragen.

Aufgabe 22

Die Zahl der in einer Erbsenhülse enthaltenen Samen wird durch ein Gen gesteuert. In einem Experiment verwendet man die beiden Erbsensorten A und B. Die Sorte A hat sechs bis neun Samen pro Hülse, im Durchschnitt 7,21 Samen. Die Sorte B hat neun bis elf Samen pro Hülse, im Durchschnitt 9,64 Samen. Beide Sorten sind im Merkmal „Zahl der Samen in einer Hülse" homozygot.

a) Es wird eine Pflanze der Sorte A ausgewählt, die besonders viele Hülsen mit neun Samen trägt. Aus diesen Samen werden Pflanzen aufgezogen.
Wie viele Samen pro Hülse tragen diese Pflanzen? Begründe deine Antwort.

b) Du erhältst je eine Erbsenhülse von Pflanzen der Sorte A und B. Beide Hülsen enthalten neun Samen.
Beschreibe ein Verfahren, mit dem du entscheiden kannst, welche Hülse von einer Pflanze der Sorte A stammt, und welche von einer Pflanze der Sorte B.

Gottschalk W.: Allgemeine Genetik, 1989.

Lösung

a) Die Hülsen dieser Pflanzen tragen sechs bis neun Samen, im Durchschnitt 7,21 Samen.

Die vielen Hülsen mit neun Samen an der elterlichen Pflanze lassen sich als Modifikation erklären. Modifikationen sind nicht vererbbar. Daher kommen bei den Nachkommen nicht besonders viele Hülsen mit neun Samen vor. Vererbt wird nur die Reaktionsnorm, die Fähigkeit sechs bis neun Samen pro Hülse auszubilden. Falls die Pflanzen unter besonders günstigen Bedingungen heranwachsen, werden viele Hülsen neun Samen haben, falls die Wachstumsbedingungen weniger gut sind, werden viele Hülsen die maximal mögliche Samenzahl nicht erreichen.

b) Um feststellen zu können, von welcher Sorte die Hülsen stammen, müssen aus den Samen Pflanzen herangezogen werden. Wichtig dabei ist, dass die Wachstumsbedingungen für alle Pflanzen identisch sind. Die Samenzahlen in den Hülsen dieser Pflanzen werden miteinander verglichen. Die Pflanzen, deren Samenzahl pro Hülse im Durchschnitt höher ist, sind aus Samen der Sorte B hervorgegangen. Pflanzen, deren Hülsen im Durchschnitt weniger Samen tragen, stammen aus Samen der Sorte A.

Aufgabe 23

Der Axolotl ist ein bis zu 30 cm langer Molch aus Mexiko. Er stellt eine zoologische Besonderheit dar. In seinem ganzen Leben behält er die Merkmale von Molchlarven, z. B. die äußeren Kiemen. Obwohl er viele Merkmale einer Larve trägt, kann er sich aber dennoch fortpflanzen. Er lebt nicht wie die übrigen Molche an Land, sondern verbringt sein ganzes Leben im Wasser.

Im Experiment werden Axolotl in Terrarien ohne Wasser gehalten. Die Tiere müssen sich daher ständig an Land aufhalten. Sie vollziehen daraufhin die Metamorphose, d. h. sie bilden die larvalen Merkmale zurück.

a) Erkläre die Gründe für diese Metamorphose des Axolotl in einem Lebensraum ohne Wasser. Nenne den Fachbegriff für die zugrunde liegende Art der Merkmalsausprägung.

b) Die Nachkommen der Tiere, die gezwungen wurden, an Land zu leben, erhalten wieder Gelegenheit, sich ständig im Wasser aufzuhalten. Beschreibe, welche Merkmale des Körperbaus bei diesen Tieren zu erwarten sind. Begründe deine Antwort.

Lösung

a) Ein Axolotl trägt in den Kernen seiner Zellen sowohl die genetische Information für die Erhaltung der larvalen Merkmale als auch für deren Rückbildung. Die Einflüsse aus der Umwelt bestimmen, welche der beiden Informationen zur Wirkung kommen. Umwelteinflüsse des Landes bewirken die Rückbildung der larvalen Merkmale. Umwelteinflüsse des Wassers verhindern die Rückbildung. Diese Art der Merkmalsausprägung wird als alternative oder umschlagende Modifikation bezeichnet.

b) Obwohl die Eltern die larvalen Merkmale verloren haben, bilden die Nachkommen sie wieder aus und behalten sie ihr Leben lang, sofern sie im Wasser leben.

Die Eltern geben ihre genetische Information an die Nachkommen weiter. Diese genetische Information lässt es zu, je nach Art der Umwelt die larvalen Merkmale beizubehalten oder zurückzubilden.

Aufgabe 24

Schistocera gregaria, eine Wanderheuschrecke, kommt in zwei Formen vor: Tiere der Form A leben einzeln, verstreut und weitgehend an einen Ort gebunden. Ihr Körper ist grünlich gefärbt.

Tiere der Form B zeigen einen Drang nach Geselligkeit, sie unternehmen Wanderungen und neigen dazu, Bewegungen nachzuahmen. Im Panzer dieser Tiere ist viel schwarzes Pigment enthalten. Er ist daher dunkel gefärbt.

Im Experiment kann gezeigt werden, dass Tiere der Form A, die ständigen gegenseitigen Berührungen ausgesetzt werden, sich von der Form A in die Form B umwandeln. In Populationen mit hoher Individuendichte ist das der Fall. Die Nachkommen der Form B entwickeln sich, wenn sie sehr dicht zusammenleben und sich daher häufig berühren, ebenfalls zu Tieren der Form B. Ist die Häufigkeit der Berührungsreize gering, bilden sich Tiere der Form A.

? Erkläre die genetische Grundlage für das Auftreten der beiden Formen.

Urania Tierreich, Bd. 3, Insekten, 1969.

! Lösung

Die beiden Formen entstehen durch Modifikation. Die Häufigkeit der gegenseitigen Berührung ist der Umwelteinfluss, der in der Entwicklung der Tiere entweder zur Bildung der Form A oder B führt. Vererbt wird hierfür die Reaktionsnorm.

Die Reaktionsnorm umfasst die Möglichkeit, Merkmale sowohl der Form A als auch der Form B auszubilden. Die Umwelteinflüsse, in diesem Fall die Populationsdichte, bestimmen, welche Merkmale ausgebildet werden.

Nukleinsäuren

Aufgabe 1

Dem Genetiker KORNBERG gelang es, DNA-Moleküle im Reagenzglas zu syntheti-sieren. Er isolierte dazu DNA aus Phagen, Bakterien und Kalbsthymus. Die isolierte DNA mischte er im Reagenzglas mit freien Nukleotiden und bestimmten Bestand-teilen der lebenden Zellen. Im Reagenzglas bildete sich neue DNA.

KORNBERG untersuchte, wie häufig jede der vier Basen, Adenin, Thymin, Guanin und Cytosin in der natürlichen DNA der Zellen und in der neu synthetisierten DNA vorkommt.

Die Ergebnisse sind in der Tabelle zusammengestellt.

Relative Basenverhältnisse in natürlicher und im zellfreien System synthetisierter DNA für verschiedene Organismen.

	Adenin	Thymin	Guanin	Cytosin	$\dfrac{A + T}{G + C}$
Mycobacterium natürliche DNA	0,65	0,66	1,35	1,34	0,49
neu synthetisierte DNA	0,66	0,65	1,34	1,37	0,48
Escherichia coli natürliche DNA	1,00	1,05	0,98	0,97	0,97
neu synthetisierte DNA	1,04	1,00	0,97	0,98	1,02
Kalbsthymus natürliche DNA	1,14	1,05	0,90	0,85	1,25
neu synthetisierte DNA	1,12	1,08	0,85	0,85	1,29
Phage T2 natürliche DNA	1,31	1,32	0,67	0,70	1,92
neu synthetisierte DNA	1,33	1,29	0,69	0,70	1,90

Die Gesamthäufigkeit der Basen ist gleich vier gesetzt. Die relativen Häufigkeiten der einzelnen Basen sind auf diese Zahl bezogen. Die angegebenen Werte enthalten geringe Messfehler.

In der letzten Spalte der Tabelle ist das Verhältnis der Basen Adenin und Thymin zu den Basen Guanin und Cytosin angegeben.

? Erläutere, welche Annahmen über Bau und Funktion der DNA durch die Ergebnisse bestätigt werden.

Vergleiche dazu:

a) die Häufigkeit der verschiedenen Basen in der natürlichen DNA eines Organismus miteinander.

b) die Häufigkeit der Basen in natürlicher DNA mit der Häufigkeit in der entsprechenden neu synthetisierten DNA in demselben Organismus.

c) die Quotienten für die verschiedenen Organismen miteinander.

Bresch, C.: Klassische und molekulare Genetik, 1965.

! Lösung

a) In allen vier Organismen ist Adenin so häufig wie Thymin und Guanin so häufig wie Cytosin. Diese Erscheinung bestätigt die Annahme, dass im DNA-Doppelstrang die Basen Adenin und Thymin miteinander gepaart sind und ebenso Guanin und Cytosin.

b) Die Häufigkeit und damit die Menge der einzelnen Basen in der neu synthetisierten DNA ist jeweils so groß wie in der natürlichen DNA. Das trifft für alle untersuchten Organismen zu. Diese Übereinstimmung weist daraufhin, dass sich die DNA identisch verdoppeln kann. Damit ist auch die genetische Information der neuen DNA identisch mit derjenigen der alten DNA.

c) Die Quotienten $\frac{A+T}{G+C}$ der vier Organismen unterscheiden sich voneinander. Diese Unterschiede bestätigen die Annahme, dass die genetische Information durch die Abfolge der Basen festgelegt wird.
Wenn die genetische Information tatsächlich in der Abfolge der Basen liegt, dann muss diese Abfolge bei den vier Organismen verschieden sein. Damit sind sehr wahrscheinlich auch die Häufigkeiten der vier Basen in der DNA bei den vier Organismen unterschiedlich. So unterscheiden sich sehr wahrscheinlich die DNA-Moleküle der vier Organismen in der Häufigkeit, mit der Adenin in ihnen enthalten ist. Thymin ist wegen der Basenpaarung in jeder DNA immer gleich häufig wie Adenin. Auch die Häufigkeit von Guanin in den verschiedenen DNA-Molekülen ist unterschiedlich. Cytosin ist immer gleich häufig wie Guanin.

Aufgabe 2

Die unten abgebildete Strukturformel stellt einen Ausschnitt aus einem Molekül dar.

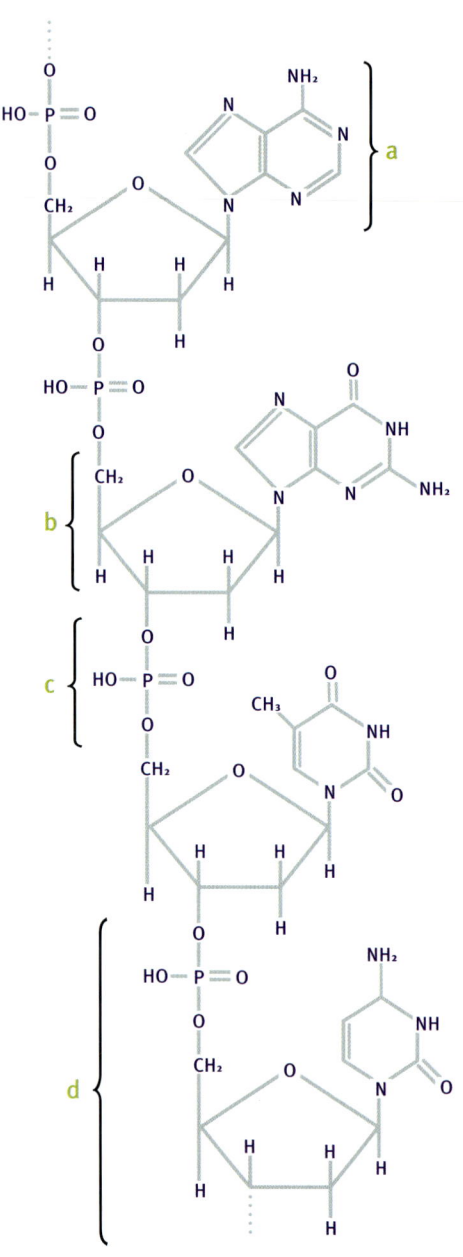

? a) Nenne die Bezeichnungen für die mit Buchstaben gekennzeichneten Bausteine des Moleküls.

b) Gebe die Fachbezeichnung des Moleküls an, von dem der
Ausschnitt stammt.

! **Lösung**
a)
a organische Base (Adenin)
b Zucker (Desoxyribose)
c Phosphorsäurerest
d Nukleotid

b) Der Ausschnitt stammt aus dem Einzelstrang eines DNA-Moleküls.

Aufgabe 3

In der Tabelle ist der DNA-Gehalt in Zellkernen aus verschiedenen Geweben in der Maßeinheit 10^{-13} g angegeben. Messungenauigkeiten können in den Zahlen enthalten sein.

Die Werte stammen von Tieren aus vier Gruppen der Wirbeltiere, von einem Vogel (Hahn), einem Säugetier (Rind), einem Lurch (Kröte) und vier verschiedenen Fischen (Forelle, Karpfen, Maifisch und Hecht).

Die Angaben in der Tabelle weisen darauf hin, dass die DNA der Träger der Erbinformation ist.

? Erläutere diese Hinweise.

Zellkerne aus	Hahn	Rind	Kröte	Forelle	Karpfen	Maifisch	Hecht
Leber	25	64	—	—	—	20	—
Thymus	—	64	—	—	—	—	—
Niere	24	64	—	—	—	—	—
Pankreas	26	66	—	—	—	—	—
Milz	26	68	—	—	—	—	—
Erythrocyten	26	—	73	58	34	20	17
Herz	26	—	—	—	—	—	—
Spermien	13	33	37	27	16	9	9

— = keine Messungen durchgeführt

Bresch, C.: Klassische und molekulare Genetik, 1965.

! **Lösung**

Folgende Hinweise lassen sich durch den Vergleich der Messwerte finden.

Die Menge der DNA in den Spermien beträgt etwa die Hälfte der Menge in den Körperzellen. Das deckt sich mit einer Forderung der Chromosomentheorie der Vererbung. Danach muss die Erbsubstanz bei der Bildung der Keimzellen in der Meiose halbiert werden.

Zellen aus verschiedenen Organen des gleichen Tieres haben die gleiche Menge an DNA. Körperzellen entstehen durch Mitose. Dabei werden Chromosomen und damit auch die in ihnen enthaltene DNA verdoppelt und gleichmäßig auf die Tochterzellen verteilt. Wenn die DNA der Träger der Erbinformation ist, sollte daher ihr Gehalt in allen Körperzellen gleich sein.

Verschiedene Tierarten haben voneinander abweichende DNA-Mengen in ihren Zellkernen. Die Arten unterscheiden sich stark in ihrem Bau. Daraus lässt sich auf eine unterschiedliche genetische Information in den Zellen schließen. Daher kann die DNA-Menge in den Zellkernen unterschiedlich groß sein.

Nach den Angaben in der Tabelle kann also die DNA Träger der Erbinformation sein.

Aufgabe 4

Eine Richtung der Krebsforschung beschäftigt sich mit Viren, die bei Wirbeltieren Tumore hervorrufen. Dazu gehört auch das *Rous-Sarkom-Virus*. Es enthält ein Gen, das bei Hühnern eine Tumorbildung auslöst.

Ein *Rous-Sarkom-Virus* besteht aus einem RNA-Molekül, das von einer Proteinhülle umgeben ist. Ein Abschnitt der RNA wirkt als das tumorbildende Gen. Die Auslösung der Tumorbildung hängt vermutlich mit Vorgängen bei der Vermehrung der Viren in den Hühnerzellen zusammen. Zur Vermehrung muss die genetische Information eines Virus in die DNA der Wirtszelle aufgenommen werden. Die genetische Information liegt jedoch bei den Viren in der RNA. Es ist nicht möglich, RNA-Stücke in ein DNA-Molekül einzubauen.

? **Beschreibe in zeitlicher Reihenfolge die Vorgänge, die bei der Vermehrung eines *Rous-Sarkom-Virus* in einer Hühnerzelle ablaufen. Beachte dabei die Schwierigkeiten, die sich aus dem unterschiedlichen Bau der RNA und DNA ergeben.**

Spektrum der Wissenschaft, 5/1982.

! Lösung

Ein *Rous-Sarkom-Virus* infiziert eine Hühnerzelle.

Das Virus setzt in der Hühnerzelle seine RNA frei.

Die genetische Information des Virus wird von RNA auf DNA „umge-schrieben". Dazu sind freie DNA-Nukleotide der Hühnerzelle und ein be-stimmtes Enzym erforderlich. Das Enzym verbindet die DNA-Nukleotide zu einem Polynukleotidstrang. Da die RNA nur aus einem Strang besteht, ist diese DNA ebenfalls einsträngig.

Der Einzelstrang wird durch Anlagerung freier Nukleotide zu einem Doppelstrang ergänzt. Dabei paart sich jeweils ein Nukleotid des Einzel-stranges mit einem komplementären, freien Nukleotid. Der so gebildete DNA-Doppelstrang wird in die DNA der Hühnerzelle eingebaut.

An der eingebauten DNA bilden sich zwei verschiedene RNA-Moleküle. Das eine Molekül arbeitet als mRNA. Es überträgt den Teil der genetischen Information für das Virusprotein aus dem Zellkern in die Ribosomen im Cytoplasma. Das andere RNA-Molekül enthält die gesamte genetische In-formation des Virus.

An den Ribosomen bildet sich, entsprechend der Information auf der mRNA, Virusprotein. Das Virusprotein umhüllt die RNA des Virus, die die gesamte genetische Information enthält.

Aufgabe 5

In acht Kulturlösungen (Nährlösungen) werden je 100 Bakterien des gleichen Stam-mes gegeben und gleich lang bebrütet. Anschließend werden acht feste Nährböden, die das Antibiotikum Streptomycin enthalten, zur gleichen Zeit mit je der gleichen Menge an Bakterien aus den bebrüteten Kulturgefäßen beimpft. Auf den einzelnen Nährböden bilden sich danach Bakterienkolonien in folgender Anzahl:

Nährboden	Zahl der Bakterien-kolonien		Nährboden	Zahl der Bakterien-kolonien
1	24		5	41
2	81		6	52
3	0		7	74
4	116		8	12

? Begründe, warum man mit einem solchen Experiment nachwei-sen kann, dass Mutationen zufällig und ungerichtet auftreten.

! Lösung

Nachgewiesen werden kann, dass die Umwelt keinen Einfluss auf die Richtung hat, in die sich ein Gen durch Mutation ändert. Die Mutation, die die Resistenz gegen Streptomycin zur Folge hatte, trat schon vor der Behandlung der Bakterien mit diesem Antibiotikum auf.

Wenn Streptomycin eine gezielte Mutation auslösen würde, die eine Resistenz gegen dieses Antibiotikum bewirkt, dann müssten in allen Schalen gleich viele resistente Kulturen auftreten. Alle Schalen wurden ja unter gleichen Bedingungen mit Streptomycin behandelt.

Einige Bakterienzellen waren durch Mutation bereits resistent gegen Streptomycin geworden, bevor sie mit dem Antibiotikum in Kontakt kamen. In jeder Probe, die man aus der Nährlösung entnahm und auf die Nährböden übertrug, waren zufällig unterschiedlich viele Bakterien enthalten, die durch Mutation resistent geworden waren. Der Zufall bewirkte, dass in jeder Schale eine andere Zahl von Kolonien entstand. Jede Kolonie bildete sich durch die Vermehrung eines resistenten Bakteriums. Die übrigen in der Probe enthaltenen Bakterien konnten sich nicht vermehren, da der Nährboden ja Streptomycin enthielt, ein Antibiotikum, das die nicht mutierten Bakterien vernichtete.

Aufgabe 6

Dänischen Forschern ist es durch eine geschickte Versuchsanordnung gelungen, die beiden einzelnen Polynukleotidstränge eines DNA-Moleküls mechanisch voneinander zu trennen, sie auseinander zu reißen. Dabei stellte sich erwartungsgemäß heraus, dass die Trennung nicht glatt, sondern ruckhaft verlief.

? Erkläre, warum sich einige DNA-Abschnitte schwerer voneinander trennen als andere.

Spektrum der Wissenschaft, 4/2003.

! Lösung

Die beiden Polynukleotid-Einzelstränge eines DNA-Moleküls sind durch Wasserstoffbrücken miteinander verbunden. Zwischen den Basen Guanin und Cytosin liegen mehr Wasserstoffbrücken als zwischen Adenin und Thymin (drei, bzw. zwei H-Brücken). DNA-Abschnitte mit zahlreichen Guanin-Cytosin-Paaren haften daher stärker aneinander als solche mit Adenin-Thymin-Paaren. Bei der mechanischen Trennung stockt der Vorgang des Aufreißens des Doppelstrangs immer dann, wenn nach einem DNA-Abschnitt mit vielen A-T-Paaren ein Bereich mit vielen G-C-Paaren erreicht wird.

Proteinbiosynthese

Aufgabe 7

Alljährlich sterben Menschen nach dem Verzehr von Grünen Knollenblätterpilzen. Amatoxin ist das tödliche Gift dieses Pilzes. Es hemmt die Bildung der RNA-Polymerase II (B). Dieses Enzym ist an der Bildung der mRNA beteiligt.

 Beschreibe die Wirkung des Giftes auf:

a) Vorgänge in menschlichen Zellen,

b) den gesamten Organismus des Menschen.

Naturwissenschaftliche Rundschau, 9/1980.

> **Lösung**
>
> a) Die genetische Information kann nicht aus dem Zellkern in das Cytoplasma gelangen, da die mRNA nicht mehr gebildet wird. Daher findet keine Proteinsynthese im Cytoplasma statt.
>
> b) Proteine erfüllen viele, lebenswichtige Funktionen in der Zelle und im Organismus. Wenn die Proteinsynthese blockiert ist, stirbt die Zelle oder der gesamte Organismus, weil:
> - der Eiweißanteil der Enzyme nicht hergestellt wird. Die Zelle leidet daraufhin unter fortschreitendem Enzymmangel, da alternde, in ihrer Struktur veränderte Enzyme nicht mehr ersetzt werden können. Dadurch sind alle enzymatisch katalysierten Reaktionen, also der gesamte Stoffwechsel gestört.
> - viele Hormone Proteine sind. Diese Hormone steuern im gesunden Körper zahlreiche Stoffwechselprozesse.
> - Proteine in der Zelle als Strukturmoleküle eingesetzt werden, z. B. im Hämoglobin oder im Zellgerüst. Nicht wenige erfüllen die Aufgabe von Rezeptormolekülen, z. B. in der Membran der Nervenzellen. Viele dieser Proteine sind nur für kurze Zeit beständig. Danach verändern sie ihre Struktur und werden unbrauchbar. Wenn diese Proteine nicht neu synthetisiert werden können, stehen fortschreitend immer weniger Proteine zur Erfüllung dieser Aufgaben zur Verfügung.

Aufgabe 8

Die DNA besteht aus zwei Polynukleotidsträngen, die sich spiralig umeinander winden. Die genetische Information ist durch die Abfolge der Basen in der DNA festgelegt.

Im Schema ist die Basenfolge eines Ausschnitts aus dem Polynukleotidstrang einer DNA angegeben. Die Positionen der einzelnen Basen sind mit Ziffern gekennzeichnet.

$^{3'}$C A C G T A T G A A C A T C G A G C A A T G C G A C T$^{5'}$
　1　2　3　4　5　6　7　8　9　10　11　12　13　14　15　16　17　18　19　20　21　22　23　24　25　26　27

a) Stelle das Polypeptid dar, das durch diesen DNA-Ausschnitt codiert wird. Benutze zur Lösung der Aufgabe das Code-Lexikon. Beachte, dass darin der Code für die mRNA angegeben ist.

b) Erläutere die Folge, die für die Polypeptid-Synthese eintreten würde, wenn die Base „A" an der mit 12 bezeichneten Position durch die Base „T" ersetzt würde.

c) Erläutere, ob und evtl. welche Auswirkungen für die Polypeptid-Synthese auftreten, wenn die Base „A" an der mit 12 bezeichneten Position durch die Base „G" ersetzt würde. Nenne die Eigenschaften des genetischen Codes, die hier deutlich werden.

d) Erläutere die Folgen, wenn „G" an der mit 17 bezeichneten Position fehlen würde.

Nenne die Eigenschaft des genetischen Codes, die sich hier zeigt.

Genetischer Code

Die Codewörter sind für die mRNA angegeben. Die Codons sind von innen (5') nach außen (3') zu lesen. Außen sind die zugehörigen Aminosäuren angegeben:

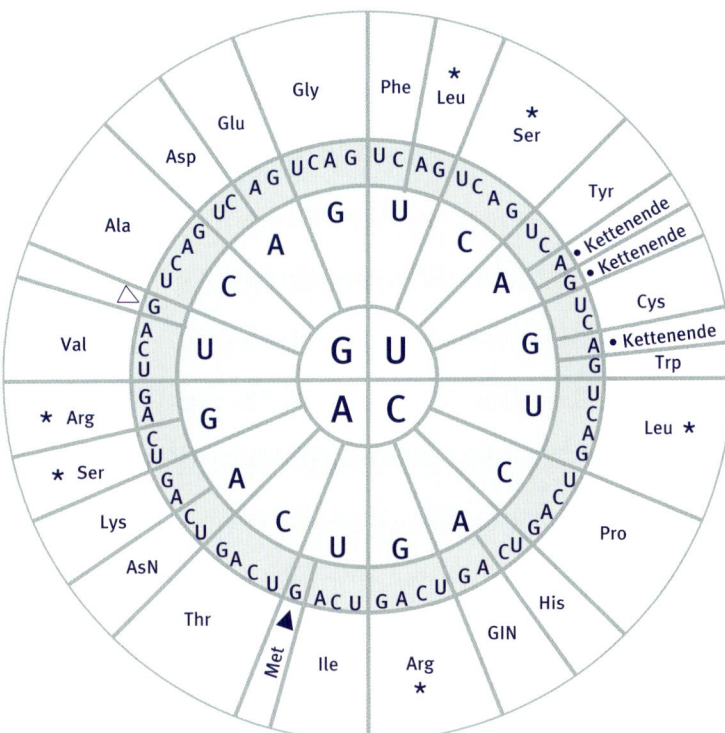

* = Zweimal auftretende Aminosäure

• = Stopp-Codon

▶ = Start-Codon, das am Anfang der Translation stehend stets das Start-Methionin einbaut. Das Start-Methionin wird nach Ablösung der Polypeptidkette von der mRNA wieder abgetrennt. Wenn diese Codons in der Mitte der mRNA stehen, wird die in der Code-Sonne angegebene Aminosäure eingebaut (▷ = seltenes Start-Codon).

Aminosäuren:

Ala = Alanin	Gly = Glycin	Pro = Prolin
Arg = Arginin	His = Histidin	Ser = Serin
AsN = Asparagin	Ile = Isoleucin	Thr = Threonin
Asp = Asparaginsäure	Leu = Leucin	Trp = Tryptophan
Cys = Cystein	Lys = Lysin	Tyr = Tyrosin
Gln = Glutamin	Met = Methionin	Val = Valin
Glu = Glutaminsäure	Phe = Phenylalanin	

! Lösung

a) Da die Tripletts im Code-Lexikon für die mRNA angegeben sind, muss die Abfolge der Basen auf der DNA in die entsprechende Abfolge auf der mRNA umgeschrieben werden.

Dabei muss ein mRNA-Strang entstehen, der komplementär zum DNA-Strang ist. Zu beachten ist, dass in der mRNA Thymin durch Uracil ersetzt wird.

Die Abfolge der Basen auf der mRNA ist im Folgenden in der oberen Reihe angegeben, darunter steht der codierte Polypeptidstrang:

GUG   CAU   ACU   UGU   AGC   UCG   UUA   CGC   UGA
Start   His − Thr − Cys − Ser − Ser − Leu − Arg   Stop
|
Met
|
wird später abgespalten.

b) Die Synthese bricht dann nach der Position 9 ab, da das Codogen „ACT" als Stop-Codogen arbeitet.

c) Die Base „G" an Position 12 hätte keine Veränderung des Polypeptids zur Folge, da sowohl „ACA" als auch „ACG" Cys codieren.

Folgende Eigenschaften des genetischen Codes werden dadurch deutlich:
− Der Code ist degeneriert. Die gleiche Aminosäure kann durch mehrere Tripletts codiert werden.
− Die Tripletts überlappen sich nicht. Eine Base kann nicht zu zwei Tripletts gehören. Die Base an Position 12 gehört nur als dritte zum vierten Triplett und nicht gleichzeitig noch als erste oder zweite zum fünften Triplett.

d) Von dem Triplett an, zu dem die Base an Position 17 gehört, ändern sich alle folgenden Tripletts und damit auch die von ihnen codierten Aminosäuren. Die Basen würden in diesem Fall so aufeinander folgen:

Start − His − Thr − Cys − Ser − Cys − Tyr - Ala
                                      ‾‾‾‾‾‾‾‾‾‾‾‾‾‾‾‾‾‾‾
                                             geändert

Dadurch wird deutlich, dass es in der Abfolge der Basen kein Zeichen für die Trennung zweier Tripletts voneinander gibt. Die Information der Nukleinsäuren wird fortlaufend, ohne Komma, abgelesen.

Aufgabe 9

Etwa 8% der ursprünglich aus Afrika stammenden Nordamerikaner haben rote Blutkörperchen, die bei Sauerstoffmangel sichelförmig werden. Diese Eigenschaft ist erblich.

Wenn das entsprechende Allel (Gen) homozygot vorliegt, kommt es zur „Sichelzellenanämie", einer Krankheit, bei der die Sauerstoffversorgung der Zellen sehr stark eingeschränkt ist. Etwa 2% der Afroamerikaner leiden daran.

Untersuchungen haben ergeben, dass das Hämoglobin von Menschen, die an Sichelzellenanämie leiden, nicht normal ausgebildet ist. Hämoglobin besteht aus einer eisenhaltigen, farbigen Verbindung, dem Häm, und einem Eiweiß, dem Globin. Ein kleiner Ausschnitt aus dem Globin im Hämoglobin eines gesunden und eines an Sichelzellenanämie erkrankten ist hier dargestellt:

(I)	Val	His	Leu	Thr	Pro	Glu	Glu	Lys	Ser	Ala	...	Tyr	His
(II)	Val	His	Leu	Thr	Pro	Val	Glu	Lys	Ser	Ala	...	Tyr	His
Positionen	1	2	3	4	5	6	7	8	9	10		145	146

(I) gesunder Mensch (Hämoglobin A)
(II) kranker Mensch (Hämoglobin S)

? **a) Stelle mit dem Code-Lexikon die Veränderungen in der DNA dar, die die Sichelzellenanämie auslösen.**

Nimm dazu das Code-Lexikon der Aufgabe Nr. 8 zu Hilfe. Achte dabei darauf, dass der genetische Code im Code-Lexikon für die mRNA angegeben ist.

b) Beurteile die Möglichkeiten, Sichelzellenanämie zu heilen.

Hafner, L. und P. Hoff: Genetik. 1988.

! **Lösung**
a) Das Hämoglobin S eines an Sicherzellenanämie erkrankten Menschen unterscheidet sich in der Aminosäure an Position 6 vom Hämoglobin A (gesunder Mensch). Vermutlich liegt die fehlerhafte Information in der Basenfolge des entsprechenden DNA-Abschnitts.

Die möglichen Basenfolgen an den Positionen 5 bis 8 lauten:

Position der Aminosäure des Hämoglobins	5	6	7	8
mögliche Basenfolge eines gesunden Menschen	- GGC oder - GGT oder - GGG oder - GGA	CTT CTC	CTT CTC	TTC TTT
mögliche Basenfolge eines Menschen, der unter Sichelzellenanämie leidet	- GGC oder - GGT oder - GGG oder - GGA	CAT CAC CAA CAG	CTC CTT	TTC TTT

Wahrscheinlich wurde die zweite Base des sechsten Tripletts (T gegen A) ausgetauscht. Andere Möglichkeiten sind weniger wahrscheinlich, da angenommen werden müsste, dass im sechsten Triplett zwei Basen getauscht wurden. Wahrscheinlich lautet die Basenfolge im sechsten Triplett so: CAT oder CAC

b) Alle Bildungszellen der roten Blutkörperchen im Knochenmark tragen wie alle übrigen Zellen des Körpers die fehlerhafte Information in der DNA. Eine Heilung wäre nur möglich, wenn es gelänge, die fehlerhafte Base in der DNA zumindest in den Zellen des Knochenmarks auszutauschen, weil dort die Roten Blutkörperchen gebildet werden. Sie enthalten Hämoglobin.

Aufgabe 10

Die Lebensdauer der mRNA ist auf kurze Zeit begrenzt; bei Bakterien häufig auf einige Minuten, bei Säugetieren auf wenige Stunden.

? **Erkläre, weshalb die Begrenzung der Lebensdauer der mRNA erforderlich ist.**

Hafner, L. und P. Hoff, Genetik, 1988.

! **Lösung**

Ein mRNA-Molekül überträgt die Information für die Synthese eines Polypeptids aus dem Zellkern in das Cytoplasma. Diese Information erlischt mit dem Zerfall oder dem Abbau des mRNA-Moleküls. Die begrenzte Lebensdauer verhindert, dass eine einmal begonnene Synthese eines bestimmten Polypeptids ständig weiterläuft, auch wenn der Bedarf daran gedeckt ist.

Aufgabe 11

Das Antibiotikum Puromycin wird statt der tRNA an Ribosomen in der Bakterienzelle angelagert. Dadurch werden die Ribosomen blockiert.

? Erkläre die Folgen, die das für die Bakterienzelle hat.

Kull, U. und H. Knodel: Genetik und Molekularbiologie, 1983.

! Lösung

Puromycin verursacht eine sehr starke Störung des gesamten Stoffwechsels in der Bakterienzelle.

Durch die Blockade der Ribosomen kann die mRNA nicht mehr abgelesen werden. Es ist also keine Proteinsynthese mehr möglich. Damit werden unter anderem auch keine Enzyme mehr gebildet. Die meisten Prozesse des Stoffwechsels werden aber durch Enzyme katalysiert.

Über diesen Eingriff in den Stoffwechsel kann Puromycin Bakterien töten.

Aufgabe 12

Im Schema sind stark vereinfacht Vorgänge dargestellt, die beim Ablesen der Information auf der mRNA ablaufen.

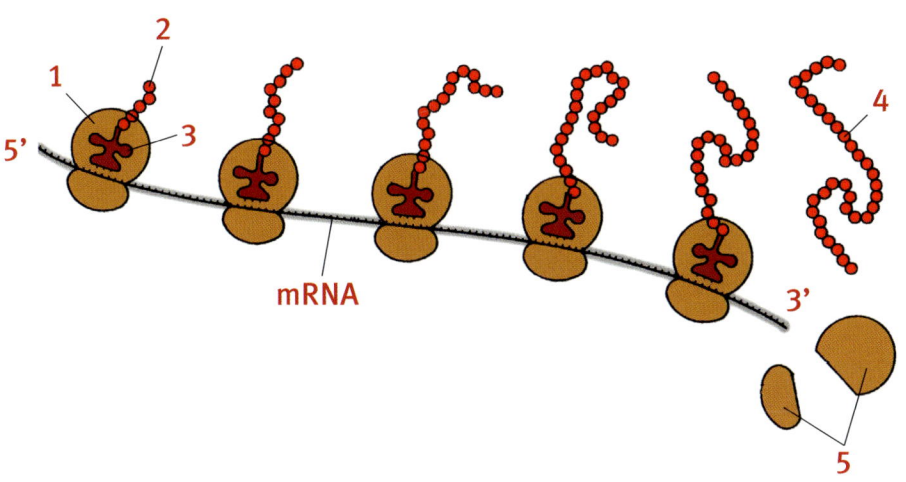

? a) Beschreibe den Vorteil, den diese Anordnung der an der Proteinbiosynthese beteiligten Organellen und Strukturen bietet.

b) Nenne die Fachbegriffe für die mit Ziffern gekennzeichneten Strukturen.

c) Gib an, ob die mRNA im dargestellten Beispiel von rechts nach links läuft oder umgekehrt. Begründe deine Entscheidung.

! Lösung

a) Dargestellt sind mehrere Ribosomen, die denselben mRNA-Strang ablesen. Eine solche Struktur bezeichnet man als Polysom.

An einem Polysom können zur gleichen Zeit am selben mRNA-Strang mehrere Proteine synthetisiert werden. Dadurch können pro Zeiteinheit viel mehr Proteinmoleküle gebildet werden, als wenn pro mRNA nur ein einziges Ribosom tätig wäre.

b)
1 Ribosom
2 Aminosäure
3 tRNA
4 Protein (Polypeptid)
5 Untereinheiten eines Ribosoms

c) Die mRNA läuft im Schema von rechts nach links. Am Ribosom auf der rechten Seite des Schemas haben sich bereits viele Aminosäuren miteinander verbunden. An diesem Ribosom wurde also bereits ein Bereich der mRNA abgelesen. Am linken Bildrand dagegen hat die Proteinsynthese gerade erst begonnen. Daher darf man auf die Laufrichtung der mRNA von rechts nach links schließen.

Am rechten Bildrand hat der mRNA-Strang ein Ribosom bereits verlassen. Das Protein (Polypeptid) hat sich vom Ribosom gelöst, und das Ribosom ist bereits in seine beiden Untereinheiten zerfallen.

Aufgabe 13

Einige Forschergruppen arbeiten zur Zeit an Strategien, mit denen verhindert werden soll, dass aufgetretene Genmutationen wirksam werden. Bei der so genannten „Antisense-Therapie" sollen kurze Stücke synthetischer DNA-Einzelstränge durch Anlagerung an die mRNA mutierter Gene, diesen Effekt erzielen.

? Erläutere die Wirkung dieses Verfahrens näher.

Spektrum der Wissenschaft, 10/1997.

> **! Lösung**
> Der erste Schritt bei der Realisierung der Information eines Gens ist die Bildung von mRNA (Transkription). Der Einzelstrang der Antisense-DNA hat eine Basensequenz, die komplementär zu der der mRNA ist, die sich am mutierten Gen gebildet hat. Dadurch kann sich die Antisense-DNA an die mRNA anlagern. Die mRNA mit der darauf liegenden Information des mutierten Gens ist damit blockiert. Es können sich keine tRNA-Moleküle anlagern und infolgedessen ist die Bildung von Proteinen nicht mehr möglich.
>
> Wenn nicht die gesamte mRNA von der Antisense-DNA besetzt wird, ist der Effekt ähnlich. In einem solchen Fall läuft die Proteinsynthese an der mRNA zunächst an, im Bereich der Antisense-DNA kommt es aber zum Abbruch, sodass das Protein unvollständig bleibt.

Genregulation

Aufgabe 14

Der Biologe W. BEERMANN untersuchte die genetische Steuerung der Verpuppung bei Insekten. Bei der Fruchtfliege *Drosophila* entdeckte er, dass sich in der Made ein bestimmter Abschnitt eines Riesenchromosoms wenige Stunden vor der Verpuppung verändert.

In der Abbildung ist eine solche Änderung in einem Abschnitt eines bestimmten Riesenchromosoms schematisch dargestellt. Es handelt sich jeweils um den linken Arm des dritten Chromosoms von *Drosophila*. Die Ziffern geben einige Genorte an. Die Abbildung „A" zeigt das Riesenchromosom etwa drei Stunden vor Beginn der Verpuppung der Drosophilamade, die Abbildung „B" stellt das Riesenchromosom etwa eine Stunde vor Beginn der Verpuppung dar.

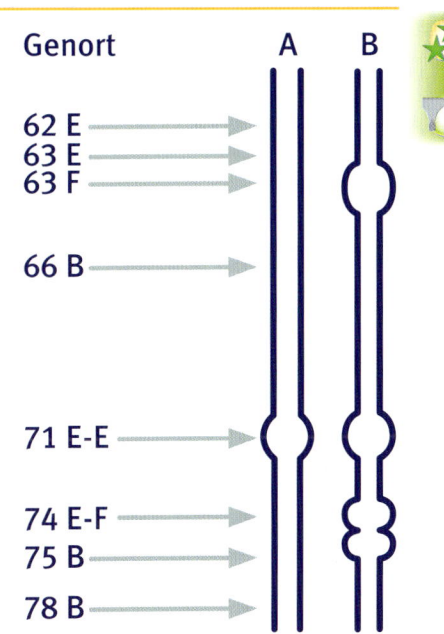

BEERMANN war bekannt, dass die Verpuppung hormonell durch das Häutungs-hormon Ekdyson gesteuert wird. Der Gehalt dieses Hormons in der Körperflüssig-keit steigt vor der Verpuppung stark an.

BEERMANN konnte die Veränderung des dritten Riesenchromosoms auch künst-lich auslösen. Er spritzte dazu Ekdyson in die Körperflüssigkeit junger, noch nicht verpuppungsbereiter Maden. Daraufhin nahm der linke Arm des dritten Riesen-chromosoms eine Gestalt an, wie sie in „B" dargestellt ist.

? a) **Nenne die Fachbezeichung der in der Abbildung sicht-baren Anschwellungen der Riesenchromosomen.**

b) **Beschreibe kurz die Prozesse, die an diesen Anschwellungen ablaufen.**

c) **Nenne die Ursache für die Ausbildung der Anschwellungen bei 63F, 74EF und 75B.**

d) **Erläutere die Hinweise, die die oben dargestellte Ent-deckung des Biologen BEERMANN für die Lösung der Frage liefern, wie es zur Ausbildung verschiedenartiger Merkmale (Zelldifferenzierung) kommen kann, obwohl alle Zellen des Körpers die gleiche genetische Ausstattung besitzen?**

! **Lösung**

a) Diese Anschwellungen der Riesenchromosomen werden als „Puffs" be-zeichnet.

b) Unter Einfluss bestimmter Enzyme entspiralisiert sich die DNA in diesem Bereich, und der DNA-Doppelstrang trennt sich durch Lösen der Wasser-stoffbrücken in die beiden Einzelstränge auf. An den Einzelsträngen wird mRNA gebildet (Transkription).

c) Die Bildung der Puffs bei 63F, 74EF und 75B wird durch Ekdyson aus-gelöst.

d) Bestimmte Gene können durch das Hormon Ekdyson dazu gebracht werden, Puffs auszubilden. In den Puffs kann die genetische Information durch Bildung der mRNA abgelesen werden. Durch Ekdyson können also aus der Vielzahl der Gene diejenigen aktiviert werden, die bestimmte Pro-zesse zu Beginn der Verpuppung steuern. Die Genaktivierung kann, wie das Beispiel zeigt, durch Hormone erfolgen.

Aufgabe 15

Das unten abgebildete Schema zeigt den Verlauf des Galaktose-Abbaus in der Übersicht. Galaktose, ein „Sechser-Zucker", ist ein Bestandteil des Milchzuckers. Er kommt in der Milch von Säugetieren, also auch in der menschlichen Muttermilch vor. In der unten abgebildeten Zeichnung ist der Abbau der Galaktose in der menschlichen Zelle dargestellt. Am Abbau sind die Enzyme Galaktokinase, Galaktose-l-phosphat-Uridyl-Transferase und Epimerase beteiligt.

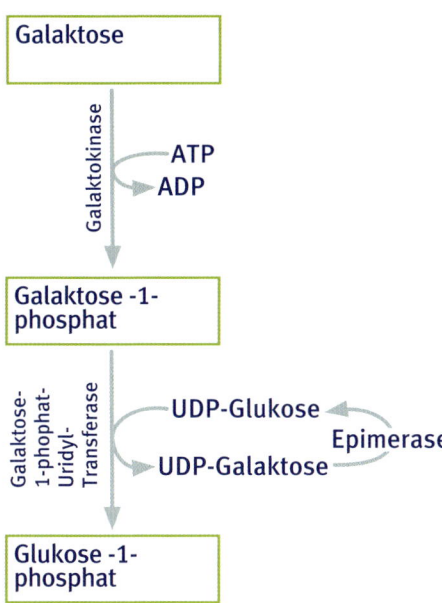

? a) **Nenne die Anzahl der Gene, die am Abbau der Galaktose mindestens beteiligt sind. Begründe deine Antwort.**

b) **Nenne den Fachausdruck für die genetische Steuerung dieses Abbaus.**

Bei Galaktosämie, einer Erbkrankheit, ist der Gehalt an Galaktose-l-phosphat im Blut erhöht. Die Krankheit tritt bereits in den ersten Lebenstagen auf. Nachdem das Baby einige Male Milch getrunken hat, erkrankt es an Brechdurchfall. Wird das Baby weiter mit Milch ernährt, treten Gelbsucht, Grauer Star und schwere Gehirnschädigungen auf. Häufig sterben die Kinder schon in den ersten Lebenswochen.

c) Stelle an Hand der Abbildung die Störungen in den Erbanlagen dar, die diese Erbkrankheit auslösen.

d) Mache Vorschläge für die Behandlung der Säuglinge, die an dieser Erbkrankheit leiden.

> **! Lösung**
>
> **a)** Es sind drei Enzyme am Abbau der Galaktose beteiligt. Nach der Ein-Gen-ein-Enzym-Hypothese liegt jedem Enzym ein Gen zugrunde. Daher wird der Abbau von Galaktose von mindestens drei Genen gesteuert.
>
> **b)** Polygenie
>
> **c)** Zur Anreicherung von Galaktose-l-phosphat im Blut kann es kommen, wenn entweder das Gen, das die Bildung des Enzyms Galaktose-l-phosphat-Uridyl-Transferase steuert, fehlt, oder wenn das Gen für Epimerase fehlt.
>
> **d)** Säuglinge, die an Galaktosämie leiden, sollten mit galaktosefreier Kost ernährt werden. Wenn sie keine Galaktose zu sich nehmen, tritt das Abbauprodukt Galaktose-l-phosphat nicht auf.

Aufgabe 16

Tigerpythons gehören zu den größten Schlangen der Erde. Sie können bei einem einzigen Beutefang enorm große Mengen an Nahrung aufnehmen und danach monatelang fasten. Die Verdauung der großen Beutetiere stellt eine besondere Herausforderung für die Riesenschlange dar. Ein Bericht dazu erschien im Oktober 2005 in der Zeitschrift Naturwissenschaftlichen Rundschau. Dem Artikel war eine zusammenfassende Übersicht vorangestellt, deren erste Zeilen lauteten:
  „Tigerpythons haben hohe Stoffwechselraten, wenn sie Beute verdauen. Um den gesteigerten Sauerstoffbedarf zu decken, bilden sie vermehrt Herzmuskelgewebe durch Genexpression kontraktiler Muskelproteine. Auf diese Weise wird das Herzschlagvolumen vergrößert."

? a) Erkläre den gesteigerten O_2-Bedarf bei der Verdauung der Beute.

b) Erläutere, was mit „Genexpression kontraktiler Muskelproteine" gemeint ist.

c) Schlage Untersuchungen vor, mit denen nachgewiesen werden könnte, dass die Zunahme des Muskelproteins durch Genexpression kontraktiler Muskelproteine erfolgt.

d) Stelle Vermutungen darüber an, ob und gegebenenfalls wie sich die Ergebnisse der Untersuchungen zur Genexpression der kontraktilen Muskelproteine medizinisch nutzen lassen könnten.

Naturwissenschaftliche Rundschau, 10/2005.

> **! Lösung**
>
> a) Zur Verdauung der Beute sind u. a. peristaltische Bewegungen des Darms und die Produktion von Verdauungssaft erforderlich. Die Kontraktionen der Darmmuskulatur, aber auch die Bildung von Verdauungssaft, vor allem der darin enthaltenen Enzyme, laufen nur unter Verbrauch von ATP ab.
>
> Wenn die Beute im Darm verdaut ist, gelangen die Nährstoffe über das Blut in die Zellen. Dort werden Sie zu körpereigenen Substanzen umgebaut oder als Reservenährstoffe gespeichert. Für diese Prozesse ist ebenfalls ATP erforderlich.
>
> ATP wird in der Zellatmung gebildet. Die Zellatmung kann nur ablaufen, wenn den Zellen O_2 zugeführt wird. Bei der Erhöhung der Stoffwechselrate nach dem Verschlingen der Beute, werden vor allem viele Prozesse in Gang gesetzt, die ATP verbrauchen. Daher muss die Zellatmung stärker ablaufen, und dadurch ist der Bedarf an Sauerstoff höher.
>
> b) Unter „Genexpression" versteht man die Vorgänge, die ablaufen, wenn die Information eines Gens abgelesen und in ein entsprechendes Produkt, meistens ein Protein, umgesetzt wird. Im Wesentlichen sind das die Vorgänge der Transkription (Bildung von mRNA) und der Translation (Verkettung von Aminosäuren an den Ribosomen entsprechend der Basenfolge der mRNA). Man spricht auch von der „Realisierung eines Gens". Nach dem Verschlingen der Beute kommt es im Tigerpython zur Expression der Gene, die die Information für kontraktile Muskelproteine des Herzens enthalten.
>
> c) In den Untersuchungen sollte man die verstärkte Aktivität der Gene nachweisen, die die Information für Muskelprotein enthalten, also prüfen, ob diese Gene stärker (häufiger) abgelesen werden. Das könnte z. B. dadurch geschehen, dass man feststellt, ob in den Zellen mehr mRNA vorhanden ist, die die Information für Muskelprotein enthält. Dazu müsste man die RNA der Herzzellen isolieren und durch Elektrophorese auftrennen, um prüfen zu können, wie groß die Menge der RNA-Moleküle ist, die an den Genen gebildet wurden, die für Muskelproteine codieren.

Eventuell könnten auch Gensonden eingesetzt werden. Verwenden müsste man in diesem Fall kurze RNA- oder DNA-Stücke, deren Basensequenz komplementär zu der der mRNA ist, die die Information für die Muskelproteine trägt. Die markierten Sonden müssen zu den isolierten mRNA-Molekülen gegeben werden. Wenn mRNA-Moleküle mit der Information für kontraktile Muskelproteine vorhanden sind, müssten sich die Gensonden daran binden. Da sie markiert sind, ließe sich die Bindung nachweisen. Als Markierung verwendet man meistens radioaktive Elemente oder einen fluoreszierenden Farbstoff.

d) Die Ergebnisse der Untersuchungen zur Genexpression der Muskelproteine bei Schlangen könnten evtl. helfen, die Verhältnisse beim Menschen zu klären. Vielleicht sind sie sogar geeignet, um Muskelschwäche des Herzens behandeln zu können, z. B. dadurch, dass man mithilfe von Medikamenten die Genexpression der Gene erhöht, die die Information für kontraktile Herzmuskelproteine enthalten.

Aufgabe 1

Im Jahr 1912 zählte HANS DE WINIWATER die Chromosomen in menschlichen Zellen. Er kam bei Zellen aus dem Hodengewebe auf eine Zahl von 47 Chromosomen, in Zellen des Eierstocks von Foeten (Embryonen) zählte er dagegen 48 Chromosomen.

a) Vergleiche diese Zählung mit den heute anerkannten Zahlen.

b) Der Forscher verwendete keine Keimzellen aus den Hoden oder den Eierstöcken. Stelle dar, woraus sich das erschließen lässt.

c) Gib eine mögliche Erklärung dafür, dass HANS DE WINI-WATER in den Hodenzellen ein Chromosom weniger zählte als in den Eierstöcken.

Spektrum der Wissenschaft, 6/2008.

Lösung

a) Heute ist geklärt, dass der normale Chromosomensatz eines gesunden Menschen 46 Chromosomen umfasst.

b) Keimzellen entstehen durch Meiose. Bei dieser Form der Zellteilung wird der Chromosomensatz auf die Hälfte reduziert. Keimzellen sind daher haploid. Sie enthalten beim Menschen nur den einfachen Chromosomensatz von 23 Chromosomen.

c) Vermutlich hat HANS DE WINIWATER das Y-Chromosom nicht erkannt. Y-Chromosomen sind sehr viel kleiner als alle anderen Chromosomen. Wahrscheinlich hat sie der Forscher daher übersehen. Nur in männlichen Zellen, in den Hodenzellen, zählte DE WINIWATER ein Chromosom weniger. Das ist verständlich, da das Y-Chromosom nur in männlichen Zellen vorkommt.

Aufgabe 2

Lange Zeit war die genaue Zahl der Chromosomen in menschlichen Zellen unbekannt. Die Zählung der Chromosomen war schwierig, da bis in die dreißiger Jahre des vergangenen Jahrhunderts im Mikroskop nur Chromosomen dargestellt werden konnten, die von der Kernmembran umschlossen waren und daher dicht gedrängt lagen und sich häufig überdeckten.

? a) **Stelle das heute übliche Verfahren dar, mit dem Chromosomen auf schonende Art von der Umhüllung durch die Kernmembran befreit werden, so dass sie im Präparat über einen weiten Raum ausgebreitet liegen und unter dem Mikroskop leicht einzeln erkennbar werden.**

Aus technischen Gründen war es in den Anfangszeiten der Forschung an Chromosomen des Menschen nur möglich, Chromsomen aus den Keimdrüsen, v. a. aus dem Hoden, darzustellen. Nur diese Zellen hatten eine genügend hohe Teilungsrate.

b) **Erläutere, warum zur Darstellung der Chromosomen sich teilende Zellen erforderlich sind.**

Spektrum der Wissenschaft, 6/2008.

! Lösung

a) Heute werden die Chromosomen frei gelegt, indem man die Zelle durch eine Behandlung mit einer hypotonischen Lösung kontrolliert zum Platzen bringt. Das Cytoplasma fließt dann aus und damit entfernen sich auch die Chromosomen weiter voneinander.

b) Nur in sich teilenden Zellen sind die Chromosomen so stark spiralisiert, dass sie durch eine Färbung sichtbar gemacht werden können.

In Zellen, die sich nicht teilen, liegen die Chromosomen in der Arbeitsform vor. Die Chromosomen sind dann lang gestreckt und sehr dünn. Nur in diesem Zustand ist die DNA so wenig spiralisiert, dass sie in der Transkription für RNA-Nukleotide oder in der Replikation für DNA-Nukleotide zugänglich wird. Chromosomen in Arbeitsform sind im Lichtmikroskop nicht sichtbar.

Aufgabe 3

Mache Aussagen über den Phänotyp des Menschen, von dem das unten dargestellte Karyogramm stammt. Begründe Deine Aussagen.

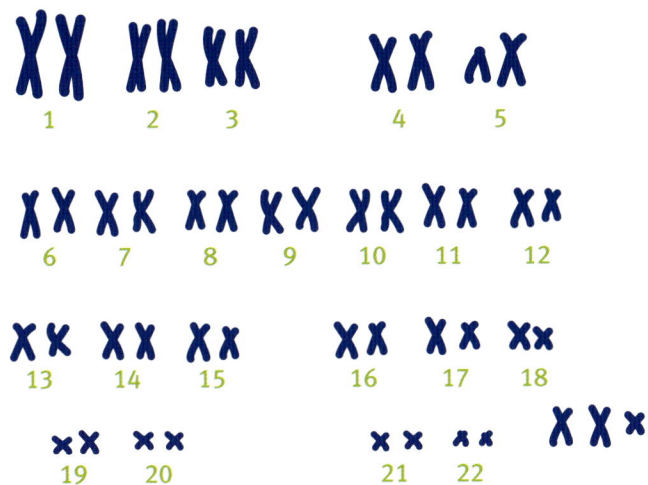

> ! **Lösung**
> • Es handelt sich um eine männliche Person, da im Karyogramm ein Y-Chromosom vorliegt. Dieser Mann ist hochgewachsen, seine Beine sind sehr lang, die Hoden sind unterentwickelt, seine Stimme ist sehr hoch, der Bartwuchs gering. Er ist unfruchtbar.
> Diese Merkmale werden durch die Ausstattung der Zellen mit einem Y-Chromosom und zwei statt einem X-Chromosom ausgelöst (Klinefelter-Syndrom).
> Außerdem ist er in seiner geistigen und körperlichen Entwicklung stark zurückgeblieben. Der Verlust, die Deletion, des kurzen Armes an einem Chromosom des 5. Paares ist dafür verantwortlich. Menschen mit diesem Karyogramm fallen im Kindesalter durch katzenähnliches Schreien auf (Katzenschreisyndrom). Die fehlerhafte Ausstattung mit Geschlechtschromosomen wirkt sich erst während und nach der Pubertät aus.

Aufgabe 4

Rotgrün-Blindheit ist eine Erbkrankheit. Die betroffenen Menschen können die Farben rot und grün nicht unterscheiden. Die Krankheit wird gonosomal-rezessiv vererbt.

Eine genetische Beratungsstelle berichtet von folgendem Fall: Ein rotgrün-blindes „Turner-Mädchen" hat Eltern, die alle Farben wahrnehmen können, also auch rot und grün unterscheiden können. Im Genotyp von Turnerfrauen ist nur ein Geschlechtschromosom vorhanden.

? Erkläre, wie der Genotyp dieses „Turner-Mädchens" zustande
  kommen kann.

! **Lösung**
Die Zellen des rotgrün-blinden „Turner-Mädchens" tragen nur ein Geschlechtschromosom. Der Genotyp lässt sich angeben als $X_a O$. Dabei steht
„0" für das fehlende Geschlechtschromosom und der Index „a" für das
rezessive Allel, das Rotgrün-Blindheit hervorruft.
   Das Allel für die Rotgrün-Blindheit des Kindes muss von der Mutter
stammen. Der Vater ist gesund. Männer besitzen nur ein X-Chromosom.
Auf dem X-Chromosom des Vaters liegt in diesem Fall das „gesunde" Allel. Das Allel für Rotgrün-Blindheit ist im Genotyp des Vaters also nicht
vorhanden. Wenn er das krank machende Allel tragen würde, wäre er in
jedem Fall rot-grün-blind, weil in seinem Genotyp kein zweites X-Chromosom vorhanden ist, das mit einem eventuellen dominanten Allel das rezessive, krankmachende überdecken könnte.
   Der Genotyp XO entsteht, wenn eine der beiden an der Befruchtung beteiligten Keimzellen kein Geschlechtschromosom trägt (Non-disjunction in
der Meiose). Das kann in diesem Fall nur das Spermium sein, da, wie oben
dargestellt, das Allel für die Rotgrün-Blindheit von der Mutter stammen
muss. In der Eizelle, aus der das Kind entstand, war also ein X-Chromosom
vorhanden. Das Spermium enthielt kein Geschlechtschromosom.
   Schematische Darstellung der Entstehung des Genotyps:

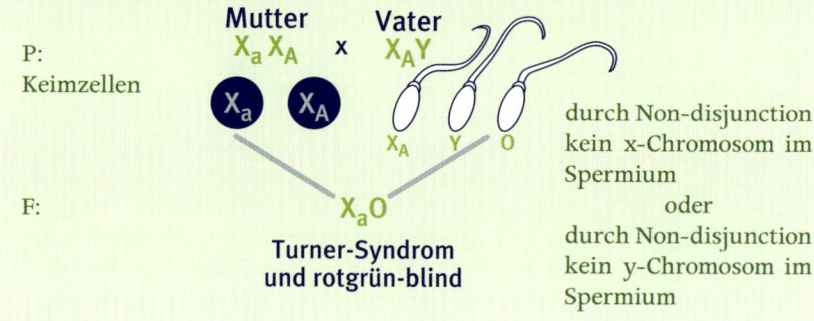

Aufgabe 5

? Erkläre, warum Kinder aus Ehen zwischen nahen Verwandten
  sehr viel häufiger an einer Erbkrankheit leiden als Kinder zwischen nicht blutsverwandten Eltern.

Lösung

Die meisten Erbkrankheiten werden durch rezessive Allele hervorgerufen. Diese krank machenden Allele sind in der Bevölkerung sehr viel seltener als die Allele, die die Ausprägung gesunder Merkmale steuern. Daher treffen in einer Ehe nur selten zwei Partner zusammen, die beide ein bestimmtes krankmachendes, rezessives Allel tragen. Aus einer Ehe zwischen nicht miteinander Verwandten gehen daher nur selten kranke Kinder hervor, das heißt Kinder mit einem homozygot rezessiven Genotyp. Im Folgenden sollen nur die Verhältnisse näher betrachtet werden, die rezessive, krank machende Allele betreffen. Zur Vereinfachung wird nur am Beispiel der Ehe zwischen Geschwistern erklärt.

Phänotypisch kranke Menschen können nur aus Ehen hervorgehen, in denen beide Partner mindestens heterozygot das krank machende Allel tragen. Die Kinder, die aus einer Ehe zwischen heterozygoten Partnern hervorgehen, sind mit einer Häufigkeit von 25% homozygot rezessiv und damit krank.

Der Fall, in dem nur einer der Ehepartner das rezessive, krank machende Allel trägt, ist nicht selten. Die Wahrscheinlichkeit, dass aus einer solchen Ehe zwischen einem heterozygoten und einem homozygot dominanten Partner heterozygote Kinder auftreten ist hoch, sie beträgt 50%. Bei einer Ehe zwischen Geschwistern, ist also die Wahrscheinlichkeit, dass zwei heterozygote Partner aufeinander treffen, wesentlich höher als bei beliebiger Partnerwahl. Sie beträgt 25%. Diese Gesamtwahrscheinlichkeit (25%) des Ereignisses berechnet sich aus dem Produkt der Einzelwahrscheinlichkeiten (50% für jeden der beiden Ehepartner).

Aus einer solchen Ehe zwischen Geschwistern, die beide heterozygot sind, gehen mit einer Häufigkeit von 25% phänotypisch kranke Kinder hervor. Genotypisch sind diese Kinder homozygot, rezessiv.

Geschwister sind also mit höherer Wahrscheinlichkeit heterozygot bezüglich eines bestimmten Allels als nicht miteinander verwandte Personen. Homozygot rezessive Nachkommen treten daher besonders häufig bei Geschwisterehen auf. Mit geringerer, aber noch immer relativ hoher Wahrscheinlichkeit, gilt das auch für Ehen zwischen Verwandten zweiten Grades.

Aufgabe 6

In den folgenden Stammbäumen (Sippentafeln) ist die Vererbung bestimmter Krankheiten in einigen Familien dargestellt. Männliche Personen sind durch ein Quadrat, weibliche durch einen Kreis gekennzeichnet. Menschen, die unter der jeweiligen Krankheit leiden, die also Merkmalsträger sind, sind mit ausgefüllten Formen gekennzeichnet. Im Stammbaum nicht eingetragene Ehepartner tragen das krank machende Allel nicht.

Vereinfachend sei angenommen, dass die jeweilige Krankheit nur durch ein einziges Allel gesteuert wird. Alle dargestellten Krankheiten werden dominant-rezessiv vererbt.

? **Gib jeweils an:**

a) die Art des Erbgangs (mit Begründung),

b) den Genotyp für folgende Personen:

Stammbaum A: 3, 5, 8, 13, 25, 29

Stammbaum B: 4, 16, 20, 21, 24, 25, 29, 34, 37

Stammbaum C: 2, 3, 4, 19

Stammbaum D: 2, 9, 10, 16, 20

Stammbaum E: 1, 2, 17, 25, 34, 48

Stammbaum F: 10, 11, 14, 15, 17, 33, 41

Stammbaum G: 4, 8, 19, 33, 45

Stammbaum H: 3, 12, 24, 29, 32, 38

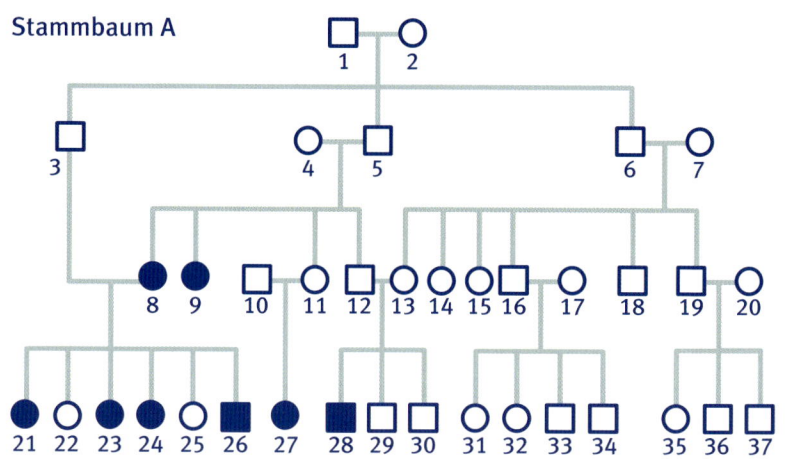

Verändert nach Knodel, H. (Hrsg.): Linder Biologie, 1976.

Stammbaum B

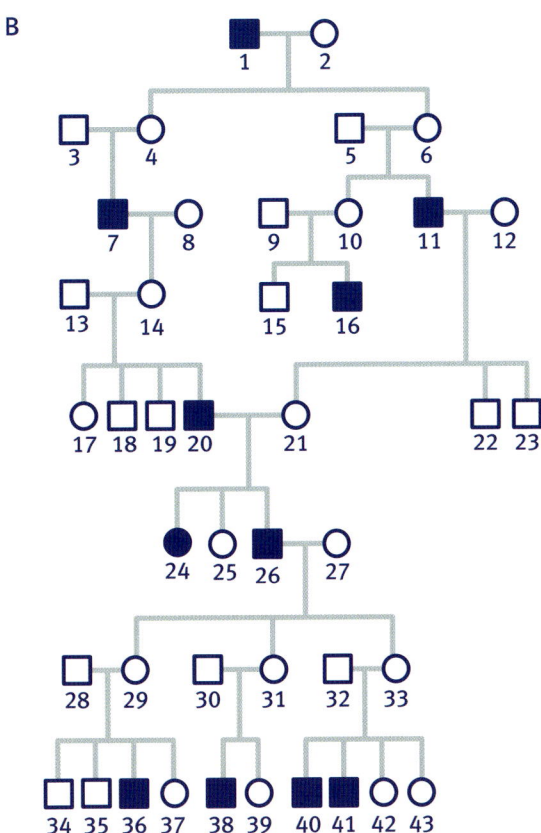

Verändert nach Bresch, C.: Klassische und molekulare Genetik, 1965.

Stammbaum C

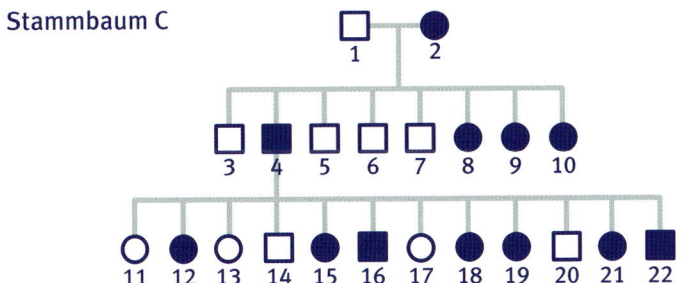

Verändert nach Knodel, H. (Hrsg.): Linder Biologie, 1976.

Stammbaum D

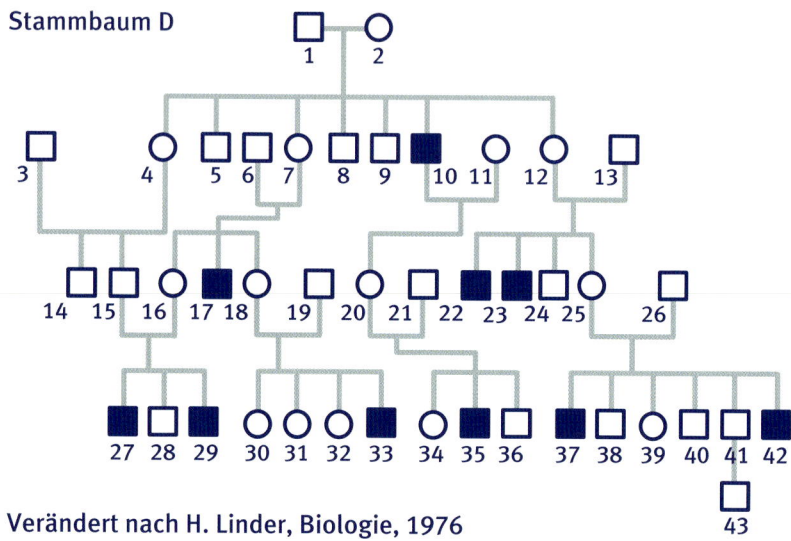

Verändert nach H. Linder, Biologie, 1976

Verändert nach Knodel, H. (Hrsg.): Linder Biologie, 1976.

Stammbaum E

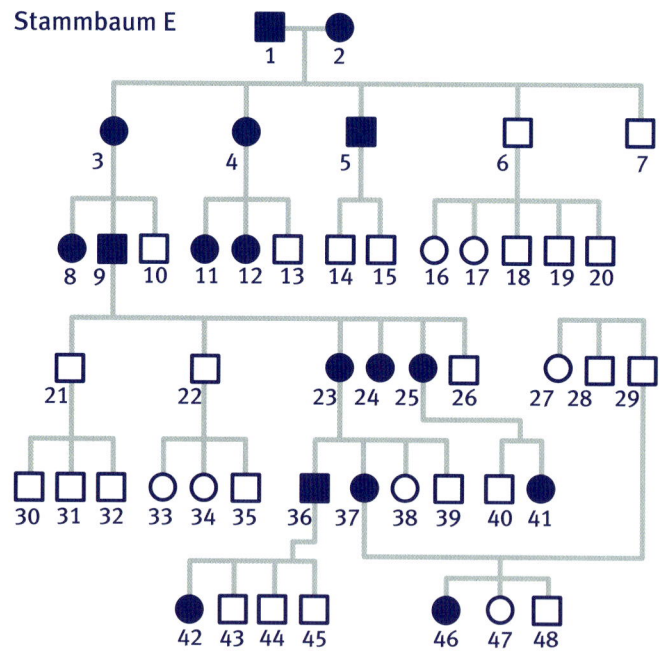

Verändert nach Knodel, H., U. Bäßler und A. Haury: Biologie-Praktikum, 1973.

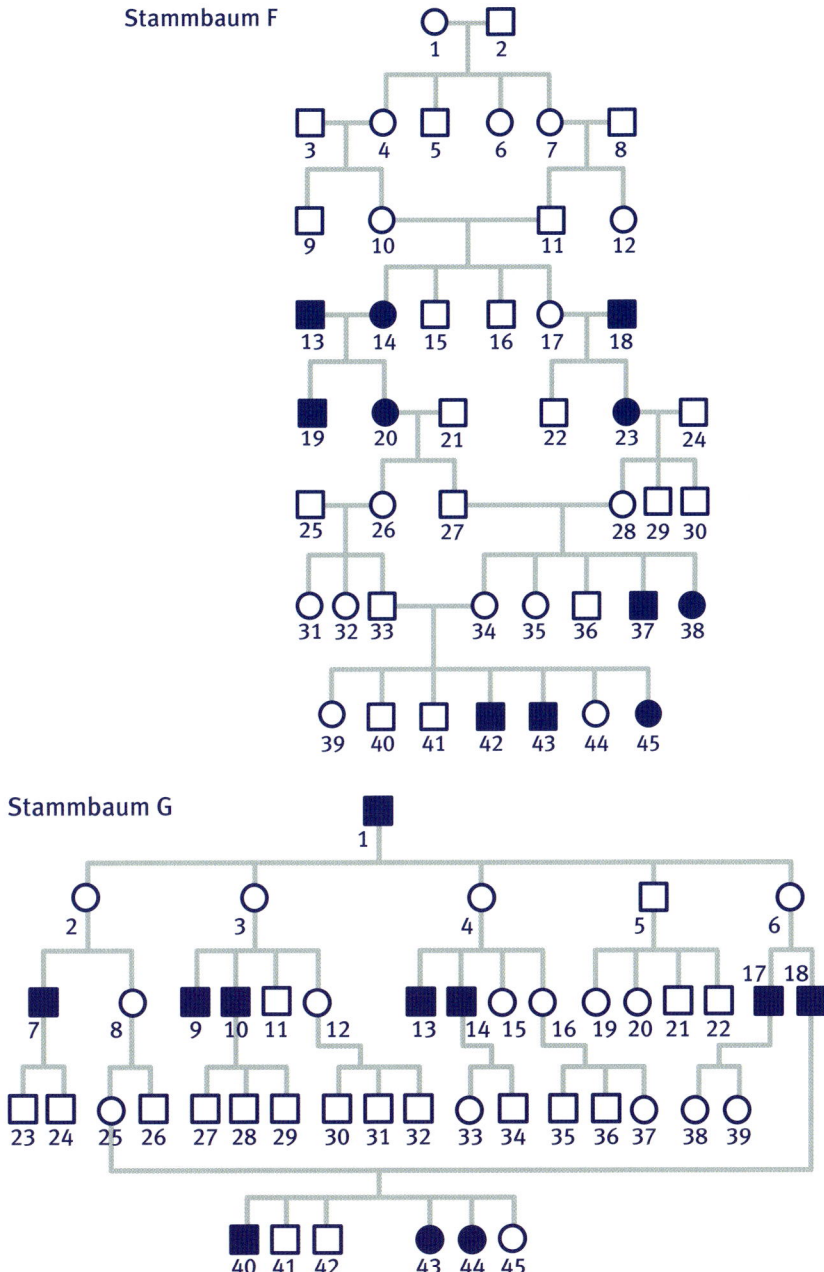

Stammbaum F

Stammbaum G

Verändert nach Knodel H., U. Bäßler und A. Haury: Biologie-Praktikum, 1973.

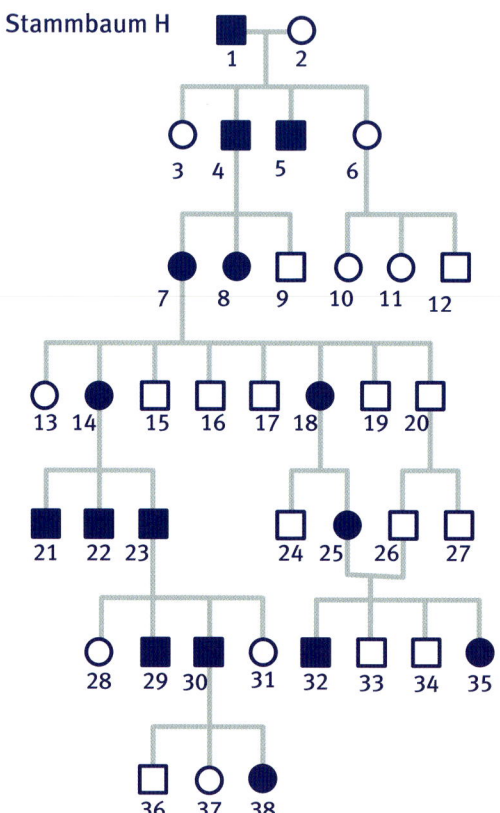

Stammbaum H

Verändert nach Knodel, H. (Hrsg.): Linder Biologie, 1976.

! Lösung

a) und b)

Stammbaum A

Diese Krankheit wird autosomal, rezessiv vererbt.

Die Eltern „10" und „11" sind gesund, ihr Kind „27" ist krank.

Kranke Kinder von gesunden Eltern sind nur möglich, wenn das krank machende Allel rezessiv ist. Die Eltern „10" und „11" sind heterozygot.

Aus der Ehe zwischen dem gesunden Mann „ 3" und der kranken Frau „8" gehen neben gesunden auch kranke Töchter hervor. Wenn das krank machende, rezessive Allel auf dem X-Chromosom läge, wären kranke Töchter aus einer solchen Ehe nicht möglich. Die Krankheit wird also autosomal vererbt.

Zusatz:

Die kranken Personen in diesem Stammbaum leiden an Albinismus. In ihrer Haut, ihren Haaren und der Iris ihrer Augen ist kein Farbstoff eingelagert.

Die Genotypen der Personen lauten:

3	5	8	13	25	29
Aa	Aa	aa	Aa	Aa	Aa oder AA

Stammbaum B

Diese Krankheit wird X-chromosomal, rezessiv vererbt.

Im Stammbaum treten mehr kranke Männer als kranke Frauen auf.

Da Männer nur ein X-Chromosom tragen, kommen bei ihnen auch rezessive Allele des X-Chromosoms immer zur Ausprägung. Bei Frauen können rezessive Allele von dominanten Allelen auf dem zweiten X-Chromosom überdeckt werden. Daher sind in einem solchen Erbgang weniger kranke Frauen als kranke Männer zu finden. Das krank machende Allel muss rezessiv sein.

Dies lässt sich noch aus einer anderen Erscheinung schließen: Der Vater „7" ist krank, seine Tochter„ 14" dagegen gesund. Wenn das krank machende Allel dominant wäre, müsste die Tochter dieses kranken Vaters ebenfalls krank sein. Die Tochter hat zwei X-Chromosomen. Davon stammt eins vom Vater. Der Vater hat nur ein X-Chromosom. Wenn auf dem X-Chromosom des Vaters ein krank machendes Allel liegt, erhalten es alle Töchter. Wenn dieses Allel dominant ist, sind alle Töchter krank. Weitere ähnliche Hinweise liefern Vater und Tochter „11" und „21", „20" und „25".

Zusatz:

Die kranken Personen in dieser Familie sind rot-grün-blind. Sie können die Farben Rot und Grün nicht unterscheiden.

Die Genotypen der Personen lauten:

4	16	20	21	24	25	29	34	37
$X_A X_a$	$X_a Y$	$X_a Y$	$X_A X_a$	$X_a X_a$	$X_A X_a$	$X_A X_a$	$X_A Y$	$X_A X_a$ oder $X_A X_A$

Stammbaum C

Diese Krankheit wird autosomal, dominant vererbt.

Die kranken Personen „2" und „4" haben gesunde und kranke Kinder. Wenn wir annehmen, das krank machende Allel sei rezessiv, dann sind gesunde und kranke Kinder nur dann möglich, wenn der Mann„ 1" und der Partner von „4" heterozygot sind, also ein krank machendes Allel tragen.

Krank machende Allele sind jedoch in der Bevölkerung sehr selten. Daher ist es unwahrscheinlich, dass ein Ehepartner, der nicht mit dieser Familie verwandt ist, ein krank machendes Allel trägt. Dieser Fall müsste zweimal eingetreten sein, beim Partner von „4" und bei dem von „1". Dadurch wird er noch unwahrscheinlicher.

Ein weiterer Hinweis auf die Dominanz des krank machenden Allels ist das Zahlenverhältnis zwischen gesunden und kranken Personen in der Familie. Zehn gesunden Menschen stehen zwölf kranke gegenüber. Dieser hohe Anteil kranker Menschen ist zu erwarten, wenn das krank machende Allel dominant vererbt wird. Denn Kinder kranker Menschen sind im dominanten Erbgang mit einer Wahrscheinlichkeit von mindestens 50% krank. Wenn einer der Partner homozygot das krank machende Allel trägt, oder wenn beide heterozygot sind, erhöht sich sogar noch die zu erwartende Zahl kranker Kinder. Sehr wahrscheinlich also ist das krank machende Allel dominant.

Da das Zahlenverhältnis zwischen kranken Frauen und kranken Männern etwa 1:1 beträgt, darf auf einen autosomalen Erbgang geschlossen werden. Bei Annahme eines gonosomal dominanten Erbgangs ergeben sich Widersprüche. Der kranke Vater dürfte keine gesunden Töchter haben. Im Stammbaum sind jedoch die Töchter „11", „13" und „17" gesund. Ein Allel der Töchter stammt immer vom Vater („4") und der hätte bei Annahme eines gonosomalen Erbgangs nur ein X-Chromosom und auf dem läge das krank machende Allel, denn er ist ja phänotypisch krank. Die Töchter erhielten immer ein dominantes Allel und wären daher auch immer phänotypisch krank.

Zusatz:

Die kranken Personen in dieser Familie leiden unter Kurzfingrigkeit. Ihre mittleren Fingerknochen fehlen oder sind verkürzt.

Die Genotypen der Personen lauten:

2	3	4	19
Aa	aa	Aa	Aa

Stammbaum D

Diese Krankheit wird X-chromosomal, rezessiv vererbt.

Gesunde Eltern haben in einigen Fällen kranke Kinder, z. B. das Kind „10" der Eltern „1" und „2" oder die kranken Kinder der Eltern „12" und „13" und weitere Konstellationen. Das ist nur möglich, wenn man annimmt, dass das krankmachende Allel rezessiv ist.

Wie im Stammbaum „B" sind in dieser Familie sehr viel mehr Männer krank als Frauen. Hier treten sogar nur kranke Männer und keine kranken Frauen auf.

Zusatz:

Die kranken Personen in dieser Familie leiden an der Bluterkrankheit. Ihnen fehlt die Fähigkeit zur Blutgerinnung.

Die Genotypen der Personen lauten:

2	9	10	16	20
$X_A X_a$	$X_A Y$	$X_a Y$	$X_A X_a$	$X_A X_a$

Stammbaum E

Diese Krankheit wird X-chromosomal, dominant vererbt.

Die Eltern „1" und „2" sind krank. Zwei ihrer Kinder „6" und „7" sind jedoch gesund. Wenn das krank machende Allel rezessiv wäre, könnten aus der Ehe zwischen „1" und „2" keine gesunden Kinder hervorgehen. „1" und „2" wären beide homozygot rezessiv und könnten nur krank machende Allele an ihre Kinder weitergeben. Das krank machende Allel muss daher dominant sein.

Wenn diese Erbkrankheit X-chromosomal, dominant vererbt würde, dann müssten alle Söhne aus einer Ehe zwischen einem kranken Vater und einer gesunden Mutter gesund sein, alle Töchter müssten krank sein. Der Vater gibt an seine Söhne kein X-Chromosom weiter, wohl aber die Mutter. Sie besitzt aber das krank machende Allel nicht. Daher kann ein Sohn aus einer solchen Ehe kein krank machendes Allel erhalten. Alle Töchter bekommen das krank machende Allel vom Vater, da er nur ein X-Chromosom besitzt. Auf diesem liegt das krank machende Allel.

Im Stammbaum treten keine Widersprüche zu diesen Forderungen auf. Die kranken Männer „5", „9" und „36" sind mit gesunden Frauen verheiratet (vergl. Einführung zur Aufgabe). Keiner der aus diesen Ehen hervorgegangenen Söhne „14", „15", „21", „22", „26", „43", „44" und „45" ist krank, alle Töchter aus diesen Ehen „23", „24", „25" und „42" sind krank.

Kranke Frauen sind in der Familie viel häufiger als kranke Männer. Den dreizehn kranken Frauen stehen nur vier kranke Männer gegenüber.

Zusatz:

Die kranken Personen dieser Familien leiden an Unterkieferprognathie. Ihr Unterkiefer ragt außergewöhnlich stark vor.

Die Genotypen der Personen lauten:

1	2	17	25	34	48
$X_A Y$	$X_A X_a$	$X_a X_a$	$X_A X_a$	$X_a X_a$	$X_a Y$

Stammbaum F

Diese Krankheit wird autosomal, rezessiv vererbt.

Wie im Stammbaum „A" haben auch hier gesunde Eltern kranke Kinder. Die Eltern „10" und „11 „ sind gesund, ihre Tochter,, 14" ist krank. Auch die Eltern „27" und „28" sind gesund, haben aber zwei kranke Kinder, „37" und „38"; ebenso die Eltern „33" und „34", ihre Kinder tragen die Kennziffern „42",,43" und „45".

Das ist nur möglich, wenn das krank machende Allel rezessiv ist.

Das Verhältnis zwischen kranken Männern und kranken Frauen in der Familie beträgt etwa 1:1. Daher ist ein X-chromosomaler Erbgang unwahrscheinlich (vergl. Stammbaum B). Außerdem müssten bei Annahme, dass die Krankheit rezessiv und x-chromosomal vererbt wird, alle Söhne kranker Mütter ebenfalls krank sein. Kranke Mütter sind bei dieser Annahme immer homozygot, können also nur ein krank machendes Allel weitergeben. Dieses krank machende, rezessive Allele kann bei den Söhnen nicht überdeckt werden, da sie vom Vater nur ein Y-Chromosom erhalten, und das ist weitgehend frei von Genen. Ein Beispiel für diese Konstellation ist die kranke Mutter „23" und ihre gesunden Söhne „29" und „30".

Zusatz:

Die kranken Personen in dieser Familie leiden unter Phenylketonurie. Homozygote Kinder werden schwachsinnig, wenn sie nicht mit einer besonderen Diät ernährt werden.

Die Genotypen der Personen lauten:

10	11	14	15	17	33	41
Aa	Aa	aa	Aa oder AA	Aa	Aa	Aa oder AA

Stammbaum G

Diese Krankheit wird X-chromosomal, rezessiv vererbt.

Gesunde Eltern können kranke Kinder haben, wie zum Beispiel die Kinder „9" und „10" der Mutter „3" und eines nicht im Schema eingetragenen Vaters; ebenso das Kind „7", dessen Mutter „2" gesund ist, und weitere ähnliche Fälle. Daher muss das krank machende Allel rezessiv vererbt werden.

In der Familie kommen sehr viel mehr kranke Männer als kranke Frauen vor. Daher darf, wie im Stammbaum „B", auf X-chromosomal, rezessive Vererbung des Allels geschlossen werden. Für diese Annahme spricht auch, dass alle kranken Kinder gesunder Mütter („2", „3", „4" und „6") Söhne sind. Diese Mütter müssen alle heterozygot sein, da ihr Vater nur das krank machende Allel an sie weitergeben konnte. Sofern man annimmt dass ihre Partner das krank machende Allel nicht tragen, können von ihren Kindern nur die Söhne krank sein. Bei den Töchtern wird das von ihnen stammende, krank machende Allel vom X-Chromosom des Vaters überdeckt. Wenn man eine autosomale Vererbung annimmt, dann müssten alle vier Partner dieser Frauen das krank machende Allel tragen. Das ist sehr unwahrscheinlich. Außerdem müssten dann kranke Töchter ebenso häufig sein wie kranke Söhne.

Zusatz:

Die kranken Personen in dieser Familie leiden an Fischhäutigkeit. Ihre Haut ist übermäßig stark verhornt.

Die Genotypen der Personen lauten:

4	8	19	33	45
$X_A X_a$	$X_A X_a$ oder $X_A X_A$	$X_A X_A$	$X_A X_a$	$X_A X_a$

Stammbaum H

Diese Krankheit wird autosomal, dominant vererbt.

Wie im Stammbaum „C" sind etwa 50% der Menschen in der Familie krank. 17 kranken Menschen stehen 21 gesunde gegenüber. Wenn das krank machende Allel rezessiv wäre, könnten Kinder der kranken Personen „4", „7", „14", „18", „23", „25", „30" nur dann krank sein, wenn die jeweiligen Ehepartner ebenfalls krank oder heterozygot wären. Da krank machende Allele jedoch in der Bevölkerung sehr selten sind, ist diese Möglichkeit unwahrscheinlich, zumal in sieben Fällen ein heterozygoter Ehepartner angenommen werden müsste.

Das Zahlenverhältnis zwischen kranken Frauen und kranken Männern beträgt etwa 1:1. Daraus kann auf einen autosomalen Erbgang geschlossen werden. Außerdem müssten bei Annahme, dass das krank machende Allel dominant wäre und auf dem X-Chromosom läge, alle Töchter kranker Väter ebenfalls krank sein. Die Tochter „6" des Vaters „1" ist jedoch gesund, ebenso die Töchter „28" und „31" des Vaters „23" und die Tochter „37" des Vaters „30".

Zusatz:

Die kranken Personen in dieser Familie leiden unter Nachtblindheit. Ihre Augen können sich an eine geringe Helligkeit der Umgebung nur sehr wenig anpassen.

Die Genotypen der Personen lauten:

3	12	24	29	32	38
Aa	aa	aa	Aa	Aa	Aa

Aufgabe 7

Der Vater eines unehelichen Kindes wird gesucht. Ein Gericht lässt dazu die Blutgruppen der Mutter, des Kindes und dreier Männer feststellen, die als Väter in Frage kommen.

Das Ergebnis der Blutgruppenuntersuchung ist unten dargestellt:

Mutter des Kindes	Blutgruppe	0
Kind	Blutgruppe	A
1. Mann	Blutgruppe	A
2. Mann	Blutgruppe	AB
3. Mann	Blutgruppe	0

❓ Wer kann der Vater dieses Kindes sein? Begründe deine Antwort.

❗ Lösung

Um nachweisen zu können, welcher Mann der Vater des Kindes sein kann, müssen zunächst die Genotypen der Mutter, des Kindes und der drei Männer ermittelt werden.

Dem ABO-System der Blutgruppen liegen die drei Allele i, I^A und I^a zugrunde. Je zwei dieser Allele trägt jeder Mensch. Die Genotypen lauten daher:

Mutter:	Blutgruppe 0	→ Genotyp: i,i
Kind:	Blutgruppe A	→ Genotyp: I^A,i
1. Mann:	Blutgruppe A	→ Genotyp: I^A,i oder I^a,I^A
2. Mann:	Blutgruppe AB	→ Genotyp: I^A, I^B
3. Mann:	Blutgruppe 0	→ Genotyp: i,i

Die Blutgruppe A wird durch die Genotypen I^A,I^A oder I^A,i ausgebildet. Das Kind kann jedoch nicht zwei Allele I^A tragen, da es von der Mutter bereits ein Allel i erhalten hat. Sein Genotyp muss daher I^A,i sein. Das Allel I^A des Kindes kann nur vom Vater stammen. Der dritte Mann hat in seinem Genotyp das Allel I^A nicht, wohl aber die beiden anderen Männer.

Daher kommen nur der erste und der zweite Mann als Vater in Frage. Weitere Entscheidungen sind in diesem Fall nicht möglich.

Aufgabe 8

ARNALDUR INDRIDASON, ein weit bekannter isländischer Autor von Kriminalromanen, verarbeitet in seinem Buch „Nordermoor" unter anderem auch Themen der Genetik. Einige der im Roman vorkommenden Personen leiden an der Erbkrankheit „Neurofibromatose". Die Krankheit wird autosomal dominant vererbt und führt zu Tumoren im Bereich des Nervengewebes, an denen die Patienten häufig schon im Kindesalter sterben.

Im Folgenden sind kleine Abschnitte aus dem Roman zu lesen. Es geht darin um die Frage, welche Personen dafür verantwortlich sind, dass ein kleines Mädchen das krankmachende Allel erhielt, sodass sie im Kindesalter an einem Gehirntumor starb.

Ein Arzt klärt den ermittelnden Kriminalbeamten über die Erbkrankheit „Neurofibromatose" auf:

S. 264:
Kriminalbeamter: „Vererbt sich diese Krankheit von Vater zu Tochter?"

Arzt: „Das kann der Fall sein. Aber die Vererbung ist nicht darauf beschränkt. Beide Geschlechter können die Krankheit in sich tragen und bekommen."
S. 265:
„'Der Vater des Mädchens kann der Erbträger gewesen sein', sagte Erlendur (Anm.: der Kommissar) und versuchte immer noch, das zu begreifen, was der Arzt ihm gesagt hatte. ,Und er hat die Krankheit auf seine Tochter übertragen.' ... ,Sie muss nicht unbedingt in ihm auftreten', sagte der Arzt. ,aber er kann Erbträger sein, wie sein Vater'."

Kriminalbeamter: „Und das heißt?"

Arzt: „Wenn er Vater wird, kann das Kind die Krankheit bekommen."

S.283:

Der Kommissar „Erlendur" spricht mit der Großmutter des an der Erbkrankheit gestorbenen Mädchens:

„Dein Sohn ist Erbträger, nicht wahr?" sagte er (Anm.: der Kommissar).

Die Großmutter des gestorbenen Kindes: „Das war das Wort, was er verwendete, Erbträger. ..... Er sagte, er habe es von dem Mann, der mich vergewaltigte, vererbt bekommen."

‚Sie werden selber nicht krank', sagte Erlendur. .....

‚Die Männer tragen die Krankheit in sich, brauchen aber keine Symptome zu zeigen'."

Die in den Romanausschnitten dargestellte Situation widerspricht dem, was man aus den humangenetischen Grundlagen der Neurofibromatose weiß.

? Erläutere diesen Widerspruch.

aus: Indridason, A.: Nordermoor, 2003.

> **! Lösung**
>
> Neurofibromatose wird autosomal dominant vererbt. Daher dürfte es, wenn die Mendelschen Regeln streng angewandt werden, keine Übertragung des krankmachenden Allels von einem gesunden Menschen geben. Auch heterozygote Genotypen erkranken.
>
> Diese Regelhaftigkeit widerspricht den Darstellungen im Roman. Z. B. auf Seite 283: „Die Männer tragen die Krankheit in sich, brauchen aber keine Symptome zu zeigen." Bei strenger Anwendung der Mendelschen Regeln wäre diese genetische Konstellation nur möglich, wenn das krankmachende Allel rezessiv wäre.

Aufgabe 9

Ergebnisse der Zwillingsforschung können dazu beitragen, die Frage zu klären, ob und in welchem Maß bestimmte Krankheiten des Menschen erblich bedingt sind. Dazu wird u. a. verglichen, wie häufig bei ein- und bei zweieiigen Zwillingen einer oder beide Partner von einer bestimmten Krankheit befallen werden. In der Tabelle sind solche Häufigkeiten für einige Krankheiten angegeben:

	Eineiige Zwillinge		Zweieiige Zwillinge	
	beide erkrankt (Konkordanz) in %	nur einer erkrankt (Diskordanz) in %	beide erkrankt (Konkordanz) in %	nur einer erkrankt (Diskordanz) in %
Tuberkulose	69	31	25	75
Keuchhusten	96	4	94	6
Diabetes	84	16	37	63
Gleiche Art von Tumoren	59	41	24	76

Bresch, C.: Klassische und molekulare Genetik, 1965.

? **Ordne die angegebenen Krankheiten nach dem Anteil ihrer genetischen Festlegung. Nenne dabei die Krankheit mit dem geringsten genetischen Anteil zuerst. Begründe deine Entscheidung.**

! **Lösung**
Den geringsten genetischen Anteil hat Keuchhusten. Dann folgen Diabetes, gleichartige Tumore und zuletzt Tuberkulose.

Wenn Keuchhusten einen starken genetischen Anteil hätte, dann wäre zu erwarten, dass von zweieiigen Zwillingen seltener beide Zwillingspartner befallen sind als beide Zwillingspartner von eineiigen Zwillingen. Zweieiige Zwillinge haben mit hoher Wahrscheinlichkeit unterschiedliche Genotypen, eineiige dagegen sind im Genotyp immer identisch. Für Keuchhusten ist der Anteil der Fälle, in denen beide Zwillingspartner erkranken, bei eineiigen und zweieiigen Zwillingen etwa gleich hoch. Daher ist Keuchhusten, wenn überhaupt, nur zu einem sehr geringen Anteil genetisch bedingt.

Züchtung

Aufgabe 1

In einer Pflanzenzuchtanstalt wurden zwei verschiedene Sorten einer Pflanzenart gezüchtet, die als Futterpflanzen verwendet werden sollen. Sie haben folgende Eigenschaften:

Pflanzensorte „A"
– Frucht mit wenigen, jedoch nahrhaften Samen.
– sehr viele nahrhafte Blätter.
– lange Vegetationszeit (= Zeit, die zum Wachstum benötigt wird).

Pflanzensorte „B"
– Frucht mit wenigen, jedoch nahrhaften Samen.
– wenige nahrhafte Blätter.
– sehr kurze Vegetationszeit.

? Erkläre, wie ein Pflanzenzüchter vorgehen muss, um eine Pflanzensorte zu erhalten, die folgende Eigenschaften hat:
– **Frucht mit vielen nahrhaften Samen.**
– **viele nahrhafte Blätter.**
– **kurze Vegetationszeit.**
Berücksichtige dabei nicht moderne Methoden der Gentechnik.

! Lösung

Der Pflanzenzüchter sollte zunächst versuchen, mit einer Kombinationszüchtung die günstigen Merkmale der Pflanzensorten „A" und „B" in eine neue Sorte zu vereinen. Das Ergebnis wäre die Sorte „C". Sie hätte: viele nahrhafte Blätter und eine kurze Vegetationszeit, aber noch das ungünstige Merkmal von nur wenigen Samen.

Danach sollte sich der Pflanzenzüchter die Aufgabe stellen, die neue Sorte „C" so umzuwandeln, dass die Pflanzen viele Samen haben. Das Ziel könnte er mit einer Auslesezüchtung erreichen.

Er bringt die Sorte „C" zur Vermehrung und wählt unter ihren Nachkommen die Einzelpflanzen aus, die die höchste Zahl von Samen haben. Nur mit diesen ausgewählten Pflanzen züchtet er weiter, wählt wieder die Pflanzen mit höchster Samenzahl aus und verwendet nur diese Pflanzen zur Weiterzucht. Wenn er die Pflanzen der Sorte „C" auf diese Weise viele Male zur Fortpflanzung gebracht hat, erhält er Pflanzen mit der höchst möglichen Samenzahl.

Aufgabe 2

? Nenne die Teile, die sich bei folgenden Kulturpflanzen durch Züchtung verändert haben:

- Radieschen
- Kohlrabi
- Rosenkohl
- Blumenkohl
- Rotkohl
- Weizen
- Kartoffel
- Zuckerrübe
- Tomate
- Erbse

! Lösung

Durch Züchtung erreichte Veränderungen:

- Radieschen: Die Wurzel hat sich stark vergrößert.
- Kohlrabi: Der untere Bereich des Sprosses (Stängel) hat sich stark vergrößert.
- Rosenkohl: Seitlich am Spross haben sich Knospen gebildet, die nicht auswachsen, sondern kleine „Köpfchen" bilden.
- Blumenkohl: Die Blüten und Blütenstiele sind stark angeschwollen und bilden eine weiße, fleischige Masse.
- Rotkohl: Die Stängelabschnitte zwischen den Blättern haben sich sehr stark verkürzt. Dadurch entstand ein „Kohlkopf".
- Weizen: Die Zahl der Körner pro Ähre hat sich vergrößert (neben mehreren anderen Merkmalen, die für den Menschen günstiger wurden).
- Kartoffel: Die Kartoffelknollen, das sind unterirdisch liegende Abschnitte des Sprosses (Stängel), sind größer und zahlreicher geworden.
- Zuckerrübe: Die Wurzel hat sich stark vergrößert und bildet mehr Zucker.
- Tomate: Die Früchte haben sich vergrößert.
- Erbse: Die Samen sind größer und zahlreicher geworden.

Aufgabe 3

Alle heutigen Kohlsorten stammen vom Wildkohl ab. Die ersten Kulturformen des Kohls entstanden im Mittelmeergebiet. Vor etwa 2400 Jahren wurden in Griechenland schon zwei verschiedene Kohlsorten angebaut, eine mit glatten Blättern und eine mit krausen.

Zur Zeit um Christi Geburt, so beschreibt es der römische Schriftsteller PLINIUS, gab es sieben verschiedene Kohlsorten auf den Feldern und in den Gärten der Bauern im Mittelmeergebiet. Sehr verschieden voneinander waren sie aber nicht. Allein sechs waren Blattkohlsorten, sahen also dem Wildkohl noch sehr ähnlich, und nur bei einer Sorte war der untere Teil des Stängels verdickt, wie z. B. bei unserem heutigen Kohlrabi.

Durch Züchtung sind bis heute noch einige weitere Sorten hinzugekommen, bei denen sich nicht die Blätter oder der Stängel, sondern andere Pflanzenteile verändert haben.

? **a) Nenne drei verschiedene Kohlsorten (außer Blattkohl und Kohlrabi), und beschreibe kurz, welche Pflanzenteile durch Züchtung eine besondere Gestalt angenommen haben.**

b) Erkläre, warum es so lange Zeit dauerte, bis die heutigen Kohlsorten entstanden.

! **Lösung**

a) Beim Weißkohl ist der Spross (Stängel) sehr stark verkürzt. Dadurch ist der Abstand zwischen den Blättern sehr kurz geworden, so dass sie einen „Kopf" bilden. Ähnlich sind auch der Rotkohl und der Wirsing entstanden.

Beim Rosenkohl bilden sich direkt am Spross (Stängel) viele kleine Seitenknospen, die aber nicht auswachsen, sondern geschlossen bleiben und kleine „Köpfchen" bilden.

Beim Blumenkohl sind die Blütenstiele und Blüten sehr stark vergrößert, liegen dicht zusammen und bilden eine weiße, fleischige Masse. Ähnliche, aber nicht so starke Veränderungen führten zum Broccoli.

b) Die meisten Kohlsorten sind durch Auslesezüchtung entstanden. Dabei muss der Züchter darauf warten, dass sich ein Merkmal der Pflanze zufällig ändert. Von allen auftretenden Änderungen sind natürlich nur die von Bedeutung, die eine Verbesserung darstellen. Außerdem müssen sie vererbbar sein. Sie müssen also bei den Nachkommen dieser Pflanze bestehen bleiben. Solche Veränderungen treten nur sehr selten auf, und meistens sind sie auch nicht sehr stark.

Als zum Beispiel vor langer Zeit ein Züchter eine Kohlpflanze fand, deren Abstände zwischen den Blättern leicht kürzer waren als bei anderen, wählte er diese Pflanze aus und vermehrte sie. Dann wartete er - oder andere Züchter zu späterer Zeit -, bis wieder eine Pflanze auftrat, deren Blattabstände noch kürzer waren. So veränderten sich in sehr kleinen Schritten die Blattabstände immer weiter, bis ein Weißkohlkopf entstanden war. Da sich die Kohlpflanzen, wie alle Lebewesen, nur sehr selten und meistens nur in kleinen Schritten verändern, mussten viele Generationen von Züchtern immer wieder auf die richtige Veränderung warten und dann die Pflanzen auswählen und vermehren. So verging viel Zeit, bis aus dem Wildkohl unsere heutigen Kohlsorten entstanden.

Aufgabe 4

Nektarinen sind nicht, wie häufig angenommen, aus einer Kreuzung zwischen Pfirsichen und Pflaumen hervorgegangen. Beide Obstsorten, Pfirsich und Nektarine gehören zur selben Art, die Nektarine entstand durch eine Mutation aus dem Pfirsich. Das zugrunde liegende Allel, das die glatte Haut der Nektarine hervorruft, ist rezessiv. Nektarinen sind schon lange bekannt, in England werden sie seit dem 17. Jahrhundert kultiviert, und in China, Persien und Griechenland kannte man sie schon vor 2000 Jahren.

? **Aus einem Pfirsichkern kann ein Nektarinenbaum entstehen. Erkläre diese Möglichkeit. Berücksichtige dabei nur die Unterschiede im Bau der Fruchtschale.**

Die Zeit, 8.9.2005.

! **Lösung**

Wenn die Genotypen beider Pfirsichbäume, aus denen der Samen (Pfirsichkern) entsteht, bezogen auf das Merkmal „Fruchtschale" heterozygot sind (Aa), ist es möglich, dass der Genotyp des Samens homozygot rezessiv ist. Dazu muss ein Pollen, dessen Keimzelle, das Allel a enthält, eine Eizelle befruchten, die ebenfalls das Allel a trägt. Aus der befruchteten Eizelle kann dann ein Samen mit dem Genotyp aa entstehen. Aus einem solchen Samen kann ein ganzer Baum mit dem Genotyp aa heranwachsen.

Denkbar wäre auch, dass das Allel A zu a mutiert. Die Möglichkeit fällt als Erklärung aber aus, weil Mutationen eines bestimmten Gens in eine bestimmte Richtung außerordentlich selten sind. In diesem Fall müsste sich in einem heterozygoten Samen das dominante Allel zu einem rezessiven Allel ändern. Das müsste in einem heterozygoten Samen geschehen, wenn man nicht annehmen möchte, dass zwei dominante Allele gleichzeitig zu den gleichen rezessiven Allelen mutieren.

Zusatz:

Die Darstellung geht nur auf das Merkmal „glatte Haut" ein. Andere Eigenschaften, in denen sich Pfirsiche und Nektarinen unterscheiden, werden nicht berücksichtigt.

Aufgabe 5

In einem Bestimmungsbuch der Wald- und Parkbäume Europas ist unter der Bezeichnung „Holländische Linde" (*Tilia europaea*) zu lesen:

„Naturhybride von *Tilia platophylla* mit *Tilia cordata*. Seit alters in Kultur und ihre Eltern an Schönheit übertreffend.

Sehr häufig angepflanzt als Straßen- und Parkbaum."

? **a) Erkläre die genetischen Grundlagen, die dazu führen, dass die Holländische Linde schöner wächst als ihre Eltern.**

b) Nenne zwei weitere Beispiele für diese Erscheinung.

Mitchell, A.: Die Wald- und Parkbäume Europas, 1979.

! **Lösung**

a) Im Genom von Hybriden (Mischlingen) liegen besonders viele Gene heterozygot vor. Heterozygote Organismen sind sehr häufig leistungsfähiger als homozygote (Heterosis-Effekt). Verantwortlich für die „Schönheit" der Holländischen Linde ist daher sehr wahrscheinlich der Heterosis-Effekt, weil im Genotyp dieser Linde besonders viele Gene heterozygot vorliegen.

b) Beispiele für Organismen, deren hohe Leistungsfähigkeit durch den Heterosis-Effekt erklärt werden kann, sind viele Sorten von Nutzpflanzen, z. B. Mais, Gurken und viele andere Gemüsearten. Unter den Nutztieren hat man vor allem bei Hühnern und Schweinen durch den Heterosis-Effekt eine höhere Leistung erzielen können.

Aufgabe 6

? **Erläutere, warum Kreuzungen bei Bäumen schwieriger sind als bei Getreide- oder Gemüsepflanzen.**

! **Lösung**

Bäume müssen sehr lange Zeit wachsen, bis sie in der Lage sind, sich fortzupflanzen, sie haben eine lange Generationsdauer. Es dauert mehrere Jahre, bis aus einem Samen ein erwachsener Baum geworden ist, an dem die Merkmale zu erkennen sind, die durch eine Kreuzung erreicht werden sollten. Getreide- oder Gemüsepflanzen dagegen haben eine kurze Generationsdauer. Schon nach wenigen Monaten ist aus dem Samen eine vollständige Pflanze herangewachsen, an der man entscheiden kann, ob die erwünschten Merkmale durch die Kreuzung erzielt wurden oder nicht.

Eine Kreuzung über die F_1 hinaus bis zur F_2 oder darüber hinaus, ist noch zeitaufwändiger. Es vergehen viele Jahre, bis ein Baum die ersten Samen und Früchte bildet. Erst dann erhält man Samen beispielsweise einer F_1-Generation, die man aussäen kann, um die Merkmale der F_2 prüfen zu können.

Aufgabe 7

Hochleistungspferde sind meistens Nachkommen von Stuten aus Inzuchtstämmen, die mit so genannten Veredlerhengsten gekreuzt wurden. Als Hengste wählen die Züchter z. B. englische oder arabische Vollblutpferde, die ebenfalls seit einigen Jahrhunderten in Inzuchtlinien gezüchtet werden, allerdings in anderen als den Stuten.

Wenn solche Hochleistungspferde für die Zucht verwendet werden, bringen sie Nachkommen hervor, die meistens die Leistungen ihrer Eltern nicht erreichen.

? Erkläre diese praktischen Erfahrungen der Pferdezüchter durch Erkenntnisse der klassischen Genetik.

! **Lösung**

a) Der Genotyp von Pferden, die aus Inzuchtlinien stammen, haben in ihrem Genotyp besonders viele homozygot vorliegende Gene. Wenn zwei Pferde aus verschiedenen Inzuchtlinien gekreuzt werden, muss man damit rechnen, dass die Nachkommen in sehr vielen Merkmalen heterozygot sind. Sehr häufig führen heterozygote Gene zu einer höheren Leistungsfähigkeit als homozygote. Man bezeichnet diese Erscheinung als Heterosis-Effekt. Die Züchter nutzen diesen Heterosis-Effekt, um Pferde zu erhalten, die Hochleistungen erbringen.

Wenn ein Züchter heterozygote Pferde für die Weiterzucht verwendet, muss er damit rechnen, dass etwa die Hälfte der Nachkommen in ihrem Genotyp homozygot ist. Der Heterosis-Effekt, der die hohe Leistungsfähigkeit erbringt, geht also bei solchen Nachkommen verloren.

Aufgabe 8

THEOPHRASTUS lebte etwa zwischen 372 und 288 v. Chr. in Griechenland. Er war ein Schüler des antiken Philosophen ARISTOTELES. Über 200 Bücher soll er geschrieben haben. Die meisten davon sind verschollen. In den wenigen erhaltenen befasst er sich unter anderem mit der Vermehrung der Pflanzen. Z. B. vergleicht er die Nachkommen von Pflanzen, die aus den Seitenzweigen oder den Wurzelschösslingen derselben Mutterpflanze gezogen wurden, mit den Nachkommen von Pflanzen, die aus den Früchten einer einzigen Mutterpflanze heranwuchsen.

Dabei stellt er fest, dass die Früchte von Pflanzen, die aus Seitenzweigen oder Wurzelschösslingen gezogen wurden, alle denen der Mutterpflanze gleichen und auch untereinander gleich sind. Pflanzen, die von verschiedenen Früchten der gleichen Mutterpflanze abstammen, tragen dagegen verschiedene, zuweilen schlechtere Früchte als die Mutterpflanze.

THEOPHRASTUS empfahl daher, Pflanzen, die gute Früchte trugen, nur durch Auspflanzen von Seitenzweigen oder Wurzelschösslingen zu vermehren.

? **Erkläre die Beobachtungen und Empfehlungen, die Theophrastus machte, indem du Kenntnisse aus der modernen Cytologie und Genetik anwendst.**

Egli, M.: Logotope, 1986.

! Lösung

Die Beobachtungen des THEOPHRASTUS werden auch heute noch bei der Züchtung von Pflanzen berücksichtigt. Pflanzen die aus Seitenzweigen, Wurzelschösslingen u. ä. gezogen werden, entstehen durch Mitosen. In der Mitose wird die Erbinformation unverändert an die neue entstehende Zelle weitergegeben. Die genetische Information der Pflanzen, die aus Seitenzweigen und ähnlichen Teilen einer Pflanze heranwachsen, ist daher vollständig identisch mit der genetischen Information der Pflanze, von der die Seitenzweige stammen. Günstige Merkmale der Ursprungspflanze werden daher unverändert an die neuen Pflanzen weitergegeben.

Die Pflanzen, die aus den in den Früchten enthaltenen Samen entstehen, sind mit hoher Wahrscheinlichkeit genetisch nicht identisch mit ihrer Mutterpflanze. Samen entstehen aus der befruchteten Eizelle. Bei der Befruchtung verschmilzt der Kern der Eizelle mit einem Zellkern des Pollens.

Eizellen und Pollen entstehen bei Pflanzen durch Meiose. Bei diesem Typ der Zellteilung werden die Chromosomen auf die Hälfte reduziert und neu kombiniert (Rekombination). Sowohl in der Eizelle, wie auch im Pollenkorn ist daher nur ein Teil der genetischen Information der Pflanzen enthalten, von denen sie stammen. Welche Gene der Mutterpflanze in die Eizelle bzw. in die Zellen eines Pollenkorns gelangen, unterliegt dem Zufall. Der Zufall entscheidet auch, durch welches Pollenkorn die Befruchtung der Eizelle zustande kommt. Zufällig sind daher auch die neu entstehenden Genkombinationen, die durch die Befruchtung entstehen. Zusätzliche Möglichkeiten zur Veränderung der Genkombinationen ergeben sich durch Vorgänge während der Meiose, bei denen Chromosomenstücke zwischen verschiedenen Chromosomen ausgetauscht werden (Crossing over).

Die Neukombination der Gene während der Meiose und Befruchtung erklärt, warum die Nachkommen, die aus Samen entstehen, genetisch nicht mit der Mutterpflanze identisch sind. Günstige Merkmale der Mutterpflanze können daher bei ihren Nachkommen verloren gehen, so wie es THEOPHRASTUS beobachtet hat.

Gentechnik

Aufgabe 9

Eine gentechnisch veränderte Maissorte enthält ein Fremdgen, das die Pflanze resistent gegen Antrazin macht. Antrazin ist ein Totalherbizid – ein Mittel, dass alle Pflanzen vollständig vernichtet.

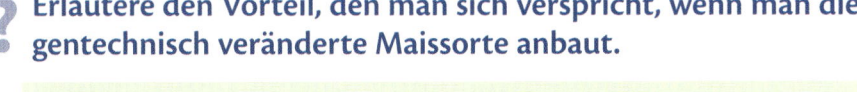

? **Erläutere den Vorteil, den man sich verspricht, wenn man die gentechnisch veränderte Maissorte anbaut.**

! **Lösung**

Die gentechnisch veränderte Maissorte wird nicht angegriffen, wenn auf den Feldern das Herbizid Antrazin versprüht wird. Auf diese Weise kann man die Konkurrenten der Maispflanze, alle Unkräuter, leicht beseitigen. Nach dem Gifteinsatz kann nur noch der gentechnisch veränderte Mais auf dem Feld wachsen. Solche gentechnisch veränderte Pflanzen wie diese Maissorte erbringen nicht direkt einen höheren Ertrag, sondern erleichtern nur die Unkrautbekämpfung.

Aufgabe 10

Forscher der Universitäten in München und Bayreuth haben es geschafft, ein Gen in das Genom von Taufliegen (*Drosophila*) und Mehlkäfern einzubauen, das die Augen der Käfer unter UV-Licht zum Leuchten bringt. Das Gen entnahmen sie aus der DNA der Qualle *Aequorea victoria*.

? **a) Beschreibe die Eigenschaft des genetischen Codes, die es möglich macht, dass Gene nach der Übertragung auch in einem fremden Organismus funktionsfähig sein können.**

Ziel der Forscher war es nicht, Tiere so zu verändern, dass ihre Augen leuchten, sondern sie wollten in ihrem Forschungsvorhaben ein anderes Gen in das Erbgut von Insekten einbauen. Dieses Gen soll die Tiere unfruchtbar machen. Genetisch so veränderte Tiere könnten in umweltschonender Weise zur Schädlingsbekämpfung verwendet werden. Dabei geht es letztlich auch nicht um Mehlkäfer und Taufliegen. Diese Tiere werden nur modellhaft benutzt, da sie im Labor besonders gut zu halten sind.

b) Erläutere, welchen Sinn es haben könnte, Gene für leuchtende Augen zu übertragen, wenn es darum geht, Gene für Unfruchtbarkeit (oder auch andersartige Gene) einbauen zu lassen.

Spektrum der Wissenschaft 3/2000.

! Lösung

a) Genübertragungen sind möglich, weil alle heute auf der Erde lebenden Organismen bei der Umsetzung der Information, die auf ihrer DNA gespeichert ist, den gleichen genetischen Code verwenden. Mit nur sehr wenigen Ausnahmen sind bei allen Lebewesen die Aminosäuren durch dieselben Basentripletts codiert. Man bezeichnet diese Erscheinung als die Universalität des genetischen Codes.

b) Das Leuchtgen dient dazu, Gene zu markieren. Vor dem Gentransfer koppelte man die Gene, die übertragen werden sollen, mit dem Leuchtgen. Ob der Transfer der gewünschten Gene (z. B. der für Unfruchtbarkeit) tatsächlich gelungen ist, kann man auf diese Weise sofort und leicht daran erkennen, dass die betreffenden Zellen leuchten.

Aufgabe 11

Im Schema ist das Prinzip der Übertragung eines Fremdgens auf ein Bakterium dargestellt.

? Ordne die vorformulierten Texte den mit Ziffern gekennzeichneten Stellen des Schemas zu. Ergänze die offenen Stellen in den vorgeschlagenen Textbausteinen. Achte darauf, dass zwei der vorgeschlagenen Texte ganze Abschnitte des Verfahrens betreffen (Ziffern 11 und 12).

Prinzip der Übertragung eines Fremdgens in das Genom eines Bakteriums

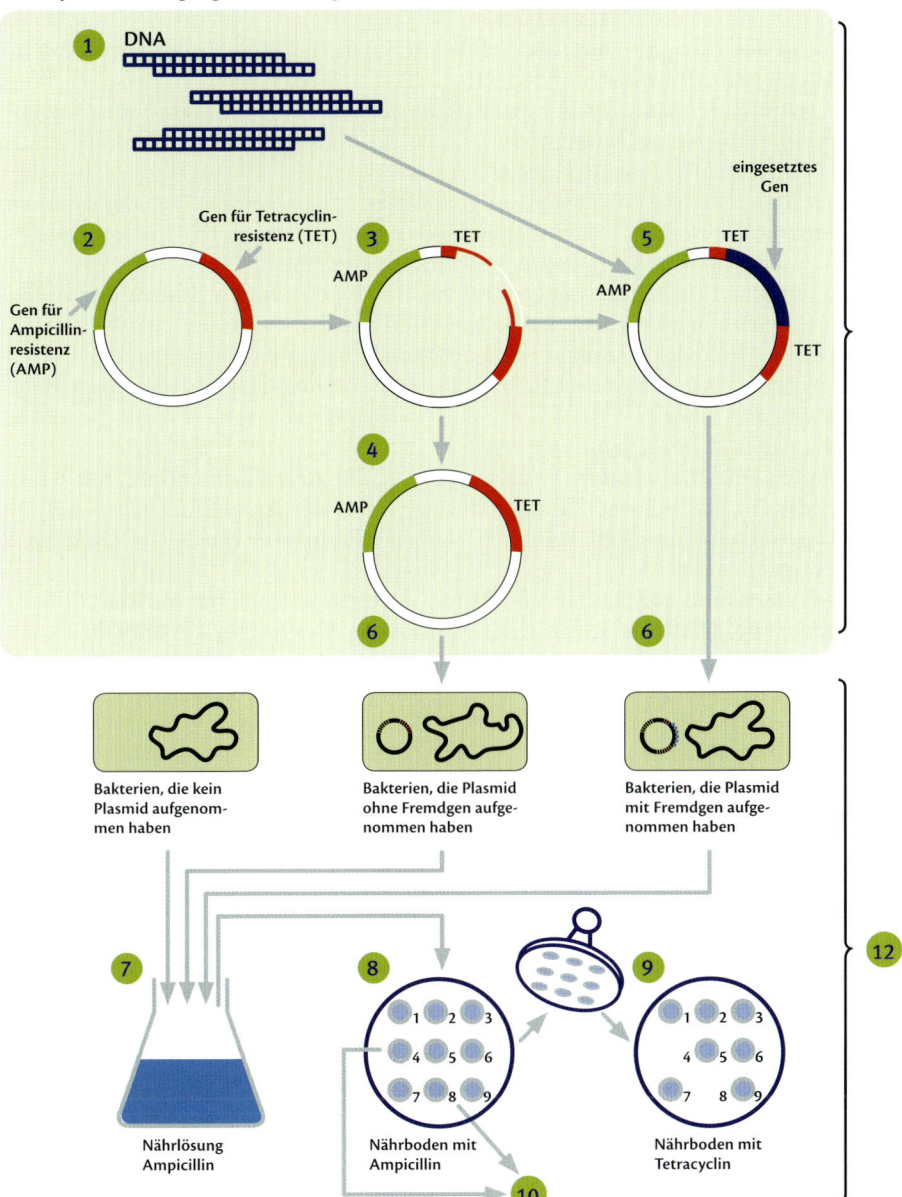

A   Einschleusen der Plasmide in die Wirtszelle (Bakterienzelle); nur wenige Bakterienzellen nehmen ein Plasmid auf.

B   Öffnung des Plasmids durch Restriktionsenzyme im Bereich des Gens, das die Resistenz gegen Tetracyclin bewirkt.

C   Übertragung der Kulturen mit einem Samtstempel auf einen Nährboden, der Tetracyclin (und Ampicillin) enthält (Schale II); Muster der Bakterienkulturen in Schale I wird auf Schale II kopiert.

Folge: Bakterien, die ein Plasmid aufgenommen haben, das das Fremdgen enthält, vermehren sich nicht. Erkennbar wird das daran, dass an den entsprechenden Stellen der Schale II keine Bakterienkulturen entstehen.

Ursache: Das Resistenzgen gegen Tetracyclin ist durch den Einbau des Fremdgens unwirksam geworden). Im Beispiel sind das die Kulturen: ....

D   Zugabe des Fremdgens; einige wenige Plasmide bauen das Fremdgen ein.

E   Die meisten Plasmidringe schließen sich wieder, ohne dass das Fremdgen eingebaut wurde.

F   Isolierung und Übertragung des Gens.

G   Beimpfen eines Nährbodens (Petrischale „I"), der Ampicillin enthält, mit Bakterien, die ein Plasmid enthalten (Bakterien, die in der Ampicillin-haltigen Nährlösung vermehrt wurden). Beimpfen, so dass erkennbares Muster von Bakterienkulturen entsteht.

Folge: Wachstum von Bakterienkulturen in einem bestimmten Muster.

H   Vermehrung der Bakterien in einer Nährlösung, die Ampicillin enthält. Es vermehren sich nur die Bakterien, die ein Plasmid aufgenommen haben (da das aufgenommene Plasmid das Resistenzgen gegen Ampicillin enthält).

I   Plasmide aus Bakterien werden isoliert. Einbau von zwei Genen, die Resistenz gegen Antibiotika bewirken; eines der beiden Gene bewirkt Resistenz gegen Ampicillin, das andere bewirkt Resistenz gegen Tetracyclin.

K   Screening = Tests darauf, welche Bakterienzellen:

    a) ein Plasmid aufgenommen haben; erkennbar an der Resistenz gegen beide Antibiotika (Ampicillin und Tetracyclin).

    b) ein Plasmid aufgenommen haben, das das Fremdgen enthält; erkennbar daran, dass sie nur gegen Ampicillin resistent sind (da der Einbau des Fremdgens, das Gen für die Resistenz gegen Tetracyclin unwirksam gemacht hat).

L   Mit Hilfe von Restriktionsenzymen wird ein Gen (DNA-Stück) aus einem Genom (z. B. des Menschen) herausgeschnitten (Alternativen: künstliche Synthese des Gens aus Nukleotiden oder Synthese des Gens mit Hilfe von mRNA des Gens und des Enzyms „Reverse Transkriptase" oder Isolierung des Gens mit Hilfe der PCR).

M   Diagnose der Bakterienkulturen in Schale „I", die aus Bakterien bestehen, die das Fremdgen enthalten. Im Beispiel sind das die Kulturen: .... Sie werden vermehrt und bilden nun den erwünschten, gentechnisch veränderten Bakterienstamm.

Zusatz:

Bei einer alternativen Methode der Diagnose (des Screenings) der Bakterienzellen, die das Fremdgen enthalten, werden Gensonden verwendet. Das
sind einsträngige DNA- oder RNA-Abschnitten, die komplementär zu dem
Gen sind, das übertragen werden soll. Gensonden sind radioaktiv oder mit
fluoreszierenden Farbstoffen markiert und lassen sich so sichtbar machen.

> **! Lösung**
> • Zuordnung der Texte zu den Ziffern des Schemas:
>
> | | | |
> |---|---|---|
> | A 6 | E 4 | I 2 |
> | B 3 | F 11 | K 12 |
> | C 9 | G 8 | L 1 |
> | D 5 | H 7 | M 10 |
>
> Lücken der Texte "C" und "M": „....... sind das die Kulturen 4 und 8."

Aufgabe 12

Retroviren eignen sich als Vektoren, um in gentechnischen Verfahren Gene in eine
Zelle einzuschleusen. Sie haben jedoch einen schwerwiegenden Nachteil. Sie sind nicht
für die Behandlung von Zellen geeignet, die sich nicht mehr oder nur selten teilen (wie
z. B. reife Nervenzellen, Skelettmuskelzellen u. ä.). Die viralen Gene können die Chromosomen nur erreichen, wenn eine bestimmte Barriere in der Zelle beseitigt ist.

> **? a) Beschreibe die Vorgänge, die ablaufen, wenn ein Retrovirus
> eine Zelle befällt und in ihr vermehrt wird.**
>
> **b) Erläutere die Eigenschaft der sich teilenden Zelle, die ver-
> mutlich erforderlich ist, um Retroviren die erfolgreiche In-
> fektion zu ermöglichen.**
>
> **c) Nenne ein Beispiel eines Retrovirus, das beim Menschen eine
> schwerwiegende, lebensbedrohende Krankheit auslöst.**

Spektrum der Wissenschaft 10/1997.

> **! Lösung**
> • a) Die genetische Information ist in den Retroviren nicht als DNA sondern
> in Form von RNA gespeichert. Bei einer Infektion gelangt außer der RNA
> des Virus auch das Enzym Reverse Transkriptase in die Wirtszelle. Dieses
> Enzym ist in der Lage, Prozesse einzuleiten, durch die die Viren-RNA um-

kopiert wird, sodass die genetische Information des Virus nicht mehr in Form von RNA vorliegt, sondern als DNA.

Wenn die genetische Information des Virus in Form von DNA gespeichert ist, kann sie in die chromosomale DNA der Wirtszelle eingebaut werden. Dort kann sie ruhen, bis sie aktiv wird und Prozesse in Gang setzt, die dazu führen, dass neue Viren entstehen. Die Viren-DNA lässt sich dazu von ihrer Wirtszelle vervielfachen (vielfach replizieren) und benutzt zur Herstellung ihrer Enzyme und ihrer Hülle den Proteinsyntheseapparat ihrer Wirtszelle.

b) Vermutlich ist die Kernhülle die Barriere, die fallen muss, um der Viren-DNA zu ermöglichen, sich in die chromosomale DNA der Wirtszelle einzufügen. Zu Beginn der Mitose löst die Zelle ihre Kernhülle auf. Das könnte erklären, dass Retroviren nur Zellen befallen können, die sich teilen.

c) Das HIV, der Erreger des AIDS, ist ein Retrovirus.

Aufgabe 13

Die Technik der Übertragung von Genen von einer Zelle auf eine andere ist nicht perfekt. Bei dem Versuch, menschliche Gene in Bakterien einzuschleusen, benutzen Gentechniker z. B. sehr viele Bakterienzellen, um mit der Möglichkeit rechnen zu können, dass wenigsten bei einigen wenigen die Genübertragung gelingt. Beim Gentransfer auf Bakterien mit Hilfe von Plasmiden wird im Verlauf des Verfahrens in zwei Schritten nach den Zellen gesucht, bei denen der Gentransfer gelungen ist. Verwendet werden in diesem Verfahren auch Gene, die die Resistenz gegen Antibiotika bewirken.

? **Beschreibe in Stichworten diese beiden Suchverfahren. Achte dabei auf die richtige Reihenfolge.**

! **Lösung**

Erstes Suchverfahren:

Suche nach Zellen, die ein Plasmid aufgenommen haben, das ein fremdes DNA-Stück enthält (Hybridplasmid), ohne zu unterscheiden, ob es sich dabei um das Gen handelt, das übertragen werden soll:

– Verwendung von Plasmiden, die zwei Resistenzgene (z. B. Gen A und Gen B) als Marker haben (bewirken Resistenz gegen je ein Antibiotikum z. B. Antibiotikum A und B).

– die Schnittstelle des verwendeten Restriktionsenzyms liegt innerhalb eines der Resistenzgene, z. B. in Gen B.

– Kultur der Bakterien auf Nährboden mit Antibiotikum A (Kulturschale „1"); es bilden nur solche Bakterien Kolonien, die ein Plasmid aufgenommen haben. (sie haben mit dem Plasmid das Resistenzgen gegen das Antibiotikum A erhalten).

Zwischenergebnis der Suche: alle Bakterien gefunden, die ein Plasmid aufgenommen haben.

Nächste Arbeitsschritte: Suche unter den Bakterien, die ein Plasmid aufgenommen haben, nach solchen, deren Plasmid ein fremdes DNA-Stück enthält (Hybridplasmid).

– Übertragung des Koloniemusters des Nährbodens, der das Antibiotikum A enthält (Kulturschale „1") mit Hilfe der Stempelmethode (Replika-Plattierung) auf Kulturschale mit Antibiotikum B (Kulturschale „2").
– nur Bildung von Kolonien möglich, wenn Bakterien Plasmide enthalten, die kein fremdes DNA-Stück enthalten (nur dann ist das Resistenzgen B nicht zerschnitten worden; wenn fremde DNA eingebaut wurde, bleibt das durch das Restriktionsenzym geteilte Resistenzgen B getrennt, es wird dadurch unwirksam).
– Identifizierung der Kolonien in Kulturschale „1", die in Kulturschale „2" nicht gewachsen sind, durch Vergleich der Koloniemuster auf den Nährböden.

Ergebnis des ersten Suchverfahrens: Kolonien gefunden, deren Bakterienzellen Plasmide aufgenommen haben, in denen ein fremdes DNA-Stück enthalten ist.

Zweites Suchverfahren:

Suche unter den Bakterienzellen, die Hybridplasmide aufgenommen haben, nach solchen, die das fremde Gen enthalten (und nicht andere DNA-Stücke).

Kolonien einer Kulturschale, die nur aus Bakterien bestehen, die Hybridplasmide enthalten (Kulturschale „3") werden mit Hilfe der Stempelmethode (Replika-Plattierung) auf Kulturschale „4" übertragen.

– Isolierung der DNA der Bakterien, getrennt für jede Kolonie der Kulturschale „4" (Bakterien müssen dazu abgetötet werden; daher vorherige Übertragung durch Stempelmethode erforderlich).
– Zugabe einer Gensonde (radioaktiv markiert oder an fluoreszierender Substanz gebunden); Gensonde besteht aus RNA oder einsträngiger DNA mit komplementärer Basenfolge zum Gen, das übertragen werden soll (oder Teilen davon).
– Auswaschen der Gensonde.
– Stellen, an denen die Gensonde sich nicht auswaschen ließ, an denen also komplementäre Bindung zwischen der Gensonde und dem Gen erfolgte, werden durch Fluoreszenz oder Autoradiographie (Schwärzung eines aufgelegten Films durch radioaktive Strahlung) sichtbar.
– Vergleich mit dem Koloniemuster der Kulturschale „3" und Identifizierung der Kolonien, deren Bakterienzellen das Gen enthalten, das übertragen werden sollte.

Aufgabe 14

Das unten abgebildete Schema gibt in vereinfachter Form die Arbeitsschritte wieder, die bei der somatischen Gentherapie erforderlich sind.

? **Entwirf kleine, stichwortartige Beschriftungstexte für die mit Ziffern gekennzeichneten Bereiche des Schemas. Gehen dabei davon aus, dass als Vektor ein Virus verwendet wird.**

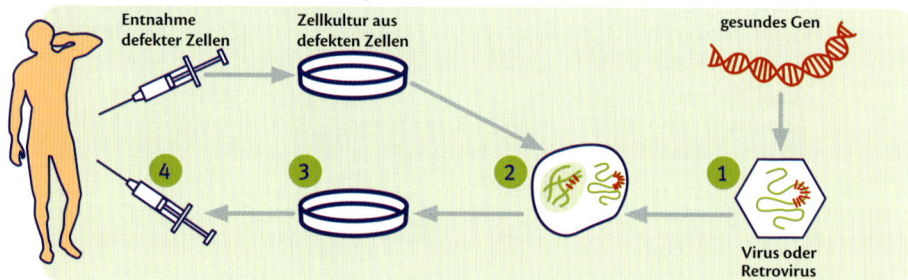

Lösung

1 Einbau eines gesunden Gens (Allels) in die DNA eines Virus
2 Infektion mit dem Virus; Einbau der eingeschleusten DNA mit dem gesunden Gen in die DNA der defekten Zellen.
3 Klonierung (identische Vermehrung) der transgenen (veränderten) Zellen.
4 Übertragung der transgenen Zellen.

Aufgabe 15

Das Enzym Taq-Polymerase wird in der PCR (Polymerase-Ketten-Reaktion) verwendet. Es stammt von einem Bakterium (*Thermus aquaticus*), das ungewöhnlich hohe Temperaturen erträgt. Taq-Polymerase arbeitet erst bei einer Temperatur von etwa 70°C. Das Enzym bleibt stabil bis in einen Temperaturbereich von über 90°C, ist dann aber nicht mehr aktiv.

? **Erläutere, warum die Taq-Polymerase für die PCR geeigneter ist als DNA-Polymerase aus normalen Zellen, die weniger hitzebeständig ist.**

! Lösung

Ein PCR-Zyklus lässt sich in drei Arbeitsphasen einteilen, die bei unterschiedlichen Temperaturen ablaufen. Er beginnt mit einer Phase, in der die Temperatur auf über 90°C steigt. In der zweiten Phase sinkt die Temperatur auf ca. 50°C und steigt dann in der letzten Phase eines Zyklus auf etwas über 70°C an.

Um den DNA-Doppelstrang zuverlässig in Einzelstränge zu spalten, ist eine Temperatur von 90°C erforderlich. Normale DNA-Polymerase würde bei einer so hohen Temperatur zerstört (denaturiert). DNA-Polymerase aus normalen Zellen müsste daher zu Beginn jedes PCR-Zyklus neu zugegeben werden, weil die Polymerase aus dem vorangegangenen Zyklus durch die hohe Temperatur (90°C) denaturiert wäre und damit dauerhaft unwirksam geworden wäre. Die hitzebeständige Polymerase aus Thermus aquaticus übersteht die Arbeitsphase, in der 90°C herrschen, unverändert. Wenn sie einmal zugegeben wird, arbeitet sie in jedem PCR-Zyklus, sobald der passende Temperaturbereich von etwa 70°C erreicht ist.

Genanalyse

Aufgabe 16

Beim Verfahren des genetischen Fingerabdrucks verwendet man nur nicht-codierende DNA-Bereiche.

? Erkläre, warum der Vergleich von codierenden Bereichen weniger gute Ergebnisse bringen würde.

! Lösung

In den codierenden Bereichen der DNA liegt die Information, die bestimmt, welche Merkmale ein Organismus ausbildet. Mutationen im codierenden Teil unterliegen daher der Selektion. Die meisten Mutationen haben ungünstige Auswirkungen. Ihre Träger können die mutierten Gene nicht oder nur geringfügig an die Nachkommen weitergeben, so dass solche Mutationen bald wieder verschwinden.

In den nicht-codierenden Abschnitten haben Mutationen keine Auswirkungen auf die Merkmale des Organismus. Mutationen in diesen Bereichen unterliegen deshalb nicht der Selektion, bleiben erhalten und sammeln sich an. Nicht-codierende DNA-Bereiche unterscheiden sich daher bei verschiedenen Individuen sehr viel stärker als Abschnitte aus den codierenden Bereichen der DNA. Es ist zu erwarten, dass jedes Individuum ein bestimmtes unverwechselbares Muster von Mutationen in seinen nicht-codierenden DNA-Bereichen trägt. Daher ist es günstiger bei einem genetischen Fingerabdruck nicht-codierende DNA-Abschnitte zu vergleichen als codierende.

Aufgabe 17

Der US-amerikanische Präsident ABRAHAM LINCOLN ging als der Befreier der Sklaven und Erhalter der Einheit der USA in die Geschichte ein. Er starb 1865 an den Folgen eines Attentats. Wie kaum ein anderer Staatsmann in der Neuen Welt wurde er betrauert.

LINCOLN war von auffallend hagerer Gestalt. Sein dürrer Hals, seine überlangen Arme und Finger trugen ihm hämische Beinamen ein, wie „Pavian" oder „Marabu".

Seit einiger Zeit vermuten Fachleute, dass LINCOLN an einer Erbkrankheit litt, dem „Marfan-Syndrom". Seine äußere Erscheinung gibt Anlass zu dieser Vermutung. Um Gewissheit zu erhalten, versuchen Biologen durch gentechnologische Analysen festzustellen, ob LINCOLN an dieser Krankheit litt. Als Untersuchungsmaterial stehen unter anderem sieben kleine Knochensplitter und Reste von Blutflecken zur Verfügung.

> **?** **Beschreibe ein geeignetes gentechnisches Verfahren, mit dem man feststellen könnte, ob LINCOLN am Marfan-Syndrom litt. Gehe dabei davon aus, dass die genetischen Grundlagen der Krankheit bekannt sind.**

Der Spiegel, 30/1991.

! Lösung

In Frage kommen gentechnische Verfahren, mit denen man feststellen kann, ob eine bestimmte Basensequenz in der DNA eines Menschen vorkommt oder nicht. Im Fall LINCOLN muss man herausbekommen, ob in seiner DNA die genetische Information enthalten ist, durch die das Krankheitsbild des Marfan-Syndroms entsteht. Die Basenseqenz, die zum Marfan-Syndrom führt, ist bekannt.

Zunächst muss die DNA LINCOLNS aus den Zellen des Blutflecks und/oder den Knochenzellen isoliert werden. Dadurch erhält man eine sehr geringe Menge DNA.

Die isoliert DNA wird anschließend durch die Polymerase-Kettenreaktion (PCR) so stark vermehrt, dass man eine genügende Menge für die anschließenden Untersuchungen zur Verfügung hat.

Um festzustellen, ob die DNA eines Menschen Abschnitte mit einer bestimmten Basensequenz enthält, verwendet man Gensonden. Das sind kurze, einsträngige DNA- oder RNA-Moleküle, die eine komplementäre Basensequenz zu der des gesuchten DNA-Abschnitts haben. Sie können sich daher an den gesuchten Abschnitt anlagern und dort mithilfe von Wasserstoffbrücken binden. Die Sonden lassen sich radioaktiv oder mit fluoreszierenden Farbstoffen markieren und so sichtbar machen.

Mögliche Verfahren im Fall LINCOLN:

Die DNA LINCOLNS wird durch Restriktionsenzyme in Stücke zerschnitten. Anschließend trennt man die DNA-Stücke durch eine Elektrophorese auf. Für die weitere Untersuchung werden danach die DNA-Stücke auf einen festen Träger gebracht, meistens auf eine Nitrocellulose oder Nylon-Membran (Southern Blotting).

Dort sorgt man dafür, dass sich die DNA-Stücke in ihre Einzelstränge aufspalten. Die Basen liegen dann frei, sodass sie sich mit der Gensonde, die man nun zugibt, verbinden können. Bei der Untersuchung der DNA LINCOLNS verwendet man eine Gensonde mit einer Basenseqenz, die komplementär zu der des DNA-Abschnitts ist, der das Marfan-Syndrom auslöst. Wenn diese Marfan-Gensonde DNA-Abschnitte mit einer Basensequenz vorfindet, die komplementär zu ihrer eigenen Abfolge der Basen ist, kommt es zu einer Bindung zwischen der Gensonde und dem Marfan-DNA-Abschnitt.

Die zugegebene Gensonde wird anschließend ausgewaschen. Nicht gebundene Gensonden werden dadurch entfernt. Auf der Folie, auf der die DNA-Stücke liegen, kann man nun feststellen, ob die DNA-Sonde gebunden wurde, ob die DNA Lincolns also die genetische Information für das Marfan-Syndrom enthält oder nicht. Wenn die Sonde radioaktiv markiert wurde, legt man sie dazu auf einen strahlungsempfindlichen Film. Stellen, an denen sich die Sonde befindet, schwärzen sich (Autoradiographie). Wenn die Sonde mit einem fluoreszierenden Farbstoff markiert ist, betrachtet man die Folie unter UV-Licht. Die UV-Strahlung regt die Farbstoffe zum Leuchten an.

Das Verfahren der „In-situ-Hybridisierung", bei der die Untersuchung an ganzen Chromosomen geschieht, lässt sich im Fall LINCOLN nicht anwenden. Bei dieser Methode der Genanalyse werden die Chromosomen isoliert und anschließend auf einem Objektträger vorsichtig erwärmt, so dass sich ihre DNA in Einzelstränge auftrennt. Ähnlich wie beim oben beschriebenen Verfahren, gibt man nun eine Gensonde zu und prüft, ob es zu einer komplementären Bindung der Sonde mit der DNA kommt oder nicht. Möglich ist die Untersuchung allerdings nur an Metaphase-Chromosomen. Die Zellen aus den Knochensplittern und den Blutresten LINCOLNS sind aber tot. Sie lassen sich daher nicht zur Teilung anregen, so dass man keine Chromosomen im Metaphase-Stadium zur Verfügung hat.

Grundsätzlich möglich ist auch eine direkte Analyse der Basensequenzen im Genom LINCOLNS. Dieses Verfahren ist aber sehr aufwändig und teuer.

Aufgabe 18

Seit einigen Jahren ist es möglich bei kriminaltechnischen Untersuchungen, Täter aus einem Kreis von Verdächtigen statt durch einen normalen Fingerabdruck durch die Analyse der DNA zu ermitteln. Durch die dabei angewendete „DNA-Typisierung" - in der Presse häufig als „Genetischer Fingerabdruck" bezeichnet - werden bestimmte Abschnitte der DNA analysiert und verglichen.

1998 wurden in einem Fall in der BRD 19 000 Personen untersucht, um einen Sexualmord aufzuklären. An der Leiche eines Kindes hatte die Kriminalpolizei Spermareste gefunden, aus denen sich die DNA des Täters isolieren und untersuchen ließ. Jedem der in Frage kommenden Männer wurde eine Speichelprobe genommen, um die DNA der darin enthaltenen Schleimhautzellen zu untersuchen und mit der DNA des Spermas zu vergleichen. Nach der Analyse von etwa 12 000 Proben konnte der Täter gefasst werden.

Trotz breiter Zustimmung in diesem Fall waren auch kritische Äußerungen zu hören, die davor warnten, den „Genetischen Fingerabdruck" als allgemeine und übliche Methode der Kriminalistik zuzulassen. Die Kritiker fürchteten, dass bei den Untersuchungen auch Informationen über individuelle Merkmale, z. B. genetisch bedingte Krankheiten, aufgedeckt werden könnten, dass also Personen gegen ihren Willen genetisch analysiert werden könnten.

?

a) Erläutere, warum es möglich ist, die DNA aus Mundschleimhautzellen zu untersuchen, wenn man feststellen will, von welcher Person ein Spermarest stammt. Warum also die DNA, die verglichen werden soll, nicht vom gleichen Zelltyp kommen muss.

b) Stelle dar, wie ist es möglich ist, durch eine einzige Speichelprobe, die ja nur wenige Schleimhautzellen enthält, ausreichende Mengen von DNA für die DNA-Typisierung zu erhalten.

c) Nimm kritisch zu den geäußerten Bedenken Stellung, durch die Methode des Genetischen Fingerabdrucks würden Gene analysiert, und daher seien Aussagen über die genetische Information des untersuchten Menschen möglich.

Unterricht Biologie: 07/1999.

Zusatz:

Dargestellt ist der Mordfall: CHRISTINA NYTSCH. Nach 12 000 Untersuchungen wurde der Täter gefunden.

! Lösung

a) Alle Zellen des Körpers haben dieselbe genetische Ausstattung. Alle sind durch Mitosen entstanden. In deren Verlauf verdoppelt sich die DNA identisch und verteilt sich danach gleichmäßig auf die Tochterzellen.

Spermien haben allerdings nur einen haploiden Chromosomensatz. In ihnen ist nur halb so viel DNA enthalten wie in den Körperzellen. Ein Vergleich der Spermien-DNA mit der DNA der Körperzellen, z. B. aus der Mundschleimhaut, ist aber dennoch möglich, weil die für eine Person typischen DNA-Abschnitte auch in einem Spermium auftreten können. Die Hälfte der Chromosomen von Körperzellen gelangt bei der Bildung der Spermien durch Meiose in ein Spermium. Die Chromosomen in den Spermien gleichen also immer einigen Chromosomen der Körperzellen.

Ein einziges Spermium unterscheidet sich also in seiner genetischen Ausstattung von den Körperzellen, weil es nicht die komplette DNA enthält. Auch untereinander sind die Spermien mit hoher Wahrscheinlichkeit genetisch verschieden. Im Genetischen Fingerabdruck untersucht man aber nicht die DNA einer einzelnen Spermazelle, sondern die DNA, die in den vielen Spermien eines Spermarestes vorhanden sind. Die hohe Zahl der Spermienzellen gewährleistet, dass die DNA, die man aus einem Spermarest isoliert, identisch ist mit der, die in Körperzellen vorhanden ist.

b) Die geringe DNA-Menge, die man durch eine Speichelprobe erhält, lässt sich durch die Polymerase-Kettenreaktion (PCR) in kurzer Zeit stark vermehren. In diesem Verfahren wird die DNA durch immer wieder ablaufende Replikationen kopiert. Möglich wird das durch bestimmte Enzyme und einen fein regulierten Wechsel der Temperatur, der die einzelnen Prozesse der DNA-Verdoppelung in Gang setzt bzw. stoppt.

c) In den DNA-Bereichen, die beim Genetischen Fingerabdruck untersucht werden, liegen keine codierenden Abschnitte, keine Gene. Ihre Basensequenz enthält also keine Information, die für die Ausbildung von Merkmalen verwendet werden kann. Daher ist es nicht möglich, aus der Analyse dieser DNA-Bereiche Rückschlüsse auf die genetische Information eines Menschen zu ziehen.

Die Bereiche, die für den DNA-Vergleich herangezogen werden, sind von Individuum zu Individuum mit außerordentlich hoher Wahrscheinlichkeit unterschiedlich. Meistens verwendet man DNA-Abschnitte, in denen sich bestimmte Basensequenzen mehrfach wiederholen (repetitive Sequenzen). Individuell verschieden ist die Häufigkeit der Wiederholungen dieser Sequenzen. Um die Sicherheit des Analyseergebnisses zu erhöhen, werden bei einem Genetischen Fingerabdruck mehrere solcher DNA-Bereiche untersucht.

Zusatz:

Mit der Methode des Genetischen Fingerabdrucks lassen sich grundsätzlich auch echte Gene, also genetische Information, die im Körper für die Ausbildung von Merkmalen verwendet wird, analysieren. Allerdings werden diese Gene in der Kriminalistik aus Gründen des Daten- und Persönlichkeitsschutzes nicht untersucht.

Allerdings fordern einige Kriminaltechniker, auch die Feststellung von Merkmalen des Täters durch die DNA-Typisierung zuzulassen. Zuweilen findet man Zellen des Täters, z. B. in Speichelresten an Zigarettenkippen oder an Gläsern, aus denen er getrunken hat. Durch die Analyse der entsprechenden Gene könnte man z. B. die Blutgruppe feststellen, oder die Augen- und Haarfarbe des Täters.

Aufgabe 19

„Trotz des seit 1986 geltenden Verbots des Walfangs durch die Internationale Walfangkommission (IWC) sind Wale nach wie vor durch Bejagung bedroht." So beginnt ein Kurzbericht im Heft 2 der Naturwissenschaftlichen Rundschau von 1995.

Im weiteren Text ist die Rede von Verstößen gegen das Walfangverbot und der Schwierigkeit der Überwachung des Verbots. Berichtet wird aber auch von einer neuen Methode, mit der man feststellen kann, von welcher Walart das Fleisch stammt, das von Händlern angeboten wird. Dieser Abschnitt des Textes lautet so:

„Angesichts der vermutlich hohen Dunkelziffer beim Walfang verspricht ein von C. SCOTT BAKER und STEVE R. PALUMBI (University of Auckland, Neuseeland; University of Hawaii, Honolulu, USA) erprobtes Verfahren effektive Kontrollmöglichkeiten. Sie setzen hierzu die Polymerasekettenreaktion (PCR) ein, die eine rasche Vermehrung selbst bruchstückhafter DNA erlaubt. Die Wissenschaftler versorgten sich in japanischen Einzelhandelsgeschäften mit Walfleisch unterschiedlicher Zubereitungsart. Die 16 von ihnen untersuchten Proben umfaßten sowohl frisches als auch getrocknetes, gesalzenes und in Sojasauce und Sesamöl mariniertes Fleisch. In einer transportablen PCR-Anlage wurden 155 bis 378 Basenpaare der Kontrollregion der mitochondrialen DNA amplifiziert, gereinigt und anschließend ....."

(Worterklärung: amplifizieren = vervielfältigen)

? **a) Beschreibe Eigenschaften, die der von den Forschern für die Untersuchung gewählte DNA-Abschnitt haben muss, damit festgestellt werden kann, von welcher Walart die Fleischproben stammen.**

b) Schlage ein geeignetes, gentechnisches Verfahren vor, mit dem man die erwähnten, sehr kurzen DNA-Bereiche von nur ca. 220 Basenpaaren untersuchen könnte, um festzustellen, ob unter den 16 Proben Fleisch von Walen war, deren Fang verboten ist.

Naturwissenschaftlicher Rundschau, 2/1995.

! Lösung

a) Die Forscher haben für die Untersuchung einen DNA-Abschnitt gewählt, dessen Basensequenz sich bei den verschiedenen Walarten unterscheidet. Nur wenn es Basensequenzen gibt, die für eine bestimmte Walart spezifisch sind, lässt sich die Herkunft einer Fleischprobe bestimmen.

b) Mit Gensonden könnte man die Walart bestimmen, von der eine Fleischprobe stammt. Benötigt werden dafür kleine Abschnitte einsträngiger DNA oder RNA, die komplementär zu den oben erwähnten Abschnitten der Wal-DNA sind. Für jede Walart muss eine spezifische Gensonde, mit einer spezifischen Basensequenz vorhanden sein.

Die aus der Fleischprobe isolierte und aufbereitete DNA wird durch Restriktionsenzyme in Stücke geschnitten. Mit Hilfe einer Elektrophorese werden die Stücke identifiziert, die die oben genannte Region der mitochondrialen DNA enthalten.

Diese DNA-Stücke überträgt man auf eine Folie (Nitrocellulose oder Nylonmembran). Dort trennt man die DNA durch vorsichtiges Erwärmen in Einzelstränge. In mehreren Ansätzen wird jeweils eine andere Gensonde zugegeben. Wenn die Gensonde auf dem Abschnitt der Wal-DNA eine komplementäre Basensequenz findet, bindet sie daran (Wasserstoffbrücken zwischen komplementären Basen). Anschließend wäscht man die Gensonden aus, die keine komplementären Sequenzen vorgefunden haben.

Gensonden sind markiert. Häufig dienen dazu radioaktive Elemente oder fluoreszierende Farbstoffe. Die Markierung erlaubt, die gebundenen Gensonden sichtbar zu machen. Proben mit radioaktiven Gensonden legt man auf einen strahlungsempfindlichen Film, auf dem sich die Stellen schwärzen, an denen Gensonden liegen (Autoradiographie). Die mit fluoreszierenden Substanzen markierten Gensonden werden sichtbar, wenn man die Probe unter eine UV-Lampe hält.

Nicht geeignet sind Verfahren, die dem Genetischen Fingerabdruck ähneln, der in der Gerichtsmedizin verwendet wird. Bei diesem Verfahren vergleicht man die Längen von DNA-Stücken aus der chromosomalen DNA. Die Wal-DNA, die bei der Untersuchung des Walfleisches getestet wurden, ist zu kurz für einen Genetischen Fingerabdruck. Aus ihr lassen sich keine je nach Walart unterschiedlich langen DNA-Stücke gewinnen.

Aufgabe 20

Die Nachrichtenagentur AP gab im Mai 2006 die Nachricht bekannt, dass COLUMBUS in Sevilla bestattet sei und nicht, wie zur Diskussion stand, in der Dominikanischen Republik.

a) Entwerfe einen Plan, nach dem ein Biologe vorgehen könnte, um mithilfe gentechnischer Methoden nachzuweisen, ob die Gebeine in der Dominikanischen Republik oder die in Sevilla von COLUMBUS stammen. Die Gräber einiger Verwandter des Columbus, z. B. seines Sohnes und seines Bruders sind bekannt.

b) Stelle so genau wie möglich die gentechnische Methode dar, mit der man die Herkunft von Resten oder Teilen eines Körpers bestimmen kann. Gehe dabei davon aus, dass sich DNA auch aus den Knochen eines Skeletts isolieren lässt.

Lösung

a) Durch den Vergleich der DNA kann man festzustellen, in welchem der beiden Gräber, in Sevilla bzw. in der Dominikanischen Republik, COLUMBUS bestattet wurde. Man geht dabei ähnlich vor wie bei einem genetischen Fingerabdruck, der in der Gerichtsmedizin verwendet wird.

In diesem Fall isoliert man zunächst DNA aus den Gebeinen der beiden Gräber in Sevilla und der Dominikanischen Republik sowie aus mindestens einem der Gräber, in dem zweifelsfrei ein Verwandter des COLUMBUS liegt. Bestimmte Abschnitte im nicht-codierenden Teil der DNA werden verglichen. Die Gebeine aus Sevilla oder der Dominikanischen Republik, deren DNA die größte Ähnlichkeit mit der DNA des COLUMBUS-Verwandten zeigt, können auf diese Weise als die tatsächlichen Reste von COLUMBUS identifiziert werden.

b) Nachdem man die DNA, die verglichen werden soll, isoliert hat, werden die geringen DNA-Mengen, die man so erhält, durch eine PCR (Polymerase-Kettenreaktion) vermehrt, so dass genügend Material für die weiteren Untersuchungen zur Verfügung steht. Für die Analyse zieht man nur Abschnitte aus den nicht-codierenden Bereichen heran, vor allem aus solchen die repetitive Sequenzen enthalten. Das sind Bereiche, in denen sich eine bestimmte Basenfolge mehrfach wiederholt. Die Häufigkeit der Wiederholungen ist von Individuum zu Individuum unterschiedlich.

Im nächsten Schritt behandelt man jede der drei DNA-Proben mit einem bestimmten Restriktionsenzym (einer bestimmten Restriktionsendonukle-ase). Jedes Restriktionsenzym schneidet die DNA an einer Stelle mit einer bestimmten nur für dieses Enzym spezifischen Basenfolge (Erkennungs-region). Da die DNA in den nicht-codierenden Bereichen individuell sehr verschieden ist, schneidet ein bestimmtes Restriktionsenzym die DNA ver-schiedener Individuen an unterschiedlichen Stellen. Die Länge der Stücke, in der die DNA durch das Restriktionsenzym zerlegt wird, unterscheidet sich daher von Individuum zu Individuum.

Die DNA-Stücke (Restriktionsfragmente) werden in einer Gel-Elektropho-rese voneinander getrennt. Je nach Länge laufen sie im Gel unterschiedlich weit. Dadurch entsteht ein bestimmtes, individuelles, unverwechselbares Bandenmuster. Durch Anfärben können die Banden sichtbar gemacht und verglichen werden.

Hinweis:

Die gendiagnostische Untersuchung der Gebeine ergab, dass COLUMBUS in Sevilla bestattet wurde, nicht in der Dominikanischen Republik.

Aufgabe 21

In der Südwestpresse - Schwäbisches Tagblatt, erschien am 2.5.1995 eine Meldung, die unten in Teilen wiedergegeben ist.

„**Bluttränen der Madonna bleiben ein Geheimnis**
Der Besitzer der Gipsfigur lehnt Gen-Test ab"

Civitavecchia (dpa). Das Geheimnis der angeblichen Blutstränen weinenden Ma-donnen-Statue von Civitavecchia wird vorerst wohl kaum gelüftet werden. Der Be-sitzer der Gipsfigur, der 32-jährige Elektriker FABIO GREGORI, lehnt es ab, sich Blut für eine gentechnische Untersuchung abnehmen zu lassen."

Die Blutstränen der Madonna wurden bereits untersucht. Sie bestehen eindeutig aus Blut, das von einem Mann stammt.

? **a) Beschreibe kurz, wie man herausgefunden hat, dass das Blut von einem Menschen und zwar von einem Mann stammt. Gehe dabei nicht näher auf die Untersuchungsverfahren ein.**

Durch eine gentechnische Untersuchung könnte man herausfinden, ob der Besitzer der Gipsfigur mit seinem eigenen Blut dafür gesorgt hat, dass die Madonna Blut-stränen weint.

b) Skizziere in wenigen Sätzen, wie eine solche Untersuchung ablaufen würde. Eine ausführliche Darstellung des Verfahrens wird nicht erwartet.

! Lösung

a) Ob das Blut von einem Menschen stammt, kann man mit Antikörpern nachweisen, die spezifisch gegen menschliche Blutzellen wirken. Wenn das Blut von einem Menschen stammt, müssten sich die Blutzellen der Madonnen-Tränen im Test verklumpen.

Ob das Blut von einem Mann oder einer Frau stammt, lässt sich nachweisen, wenn man ein Karyogramm herstellt. Daran kann man erkennen, welche Chromosomen in den Zellen des Blutes vorhanden sind. Weibliche Zellen haben zwei X-Cromosomen, männliche statt des zweiten X-Chromosoms ein Y-Chromosom.

Zusatz:

Für dieses Verfahren sind jedoch nur die Weißen Blutkörperchen geeignet. Die Roten Blutkörperchen des Menschen haben keinen Zellkern und daher auch keine Chromosomen. Außerdem müssen die Zellen noch leben, weil ein Karyogramm nur aus sich teilenden Zellen hergestellt werden kann.

b) DNA aus den Weißen Blutkörperchen der Tränen und aus Mundschleimhautzellen des Besitzers der Madonnenfigur werden isoliert, mit einer PCR vermehrt und anschließend nach dem in der Gerichtsmedizin üblichen Verfahren des Genetischen Fingerabdrucks verglichen.

Aufgabe 1

Unten ist ein kurzer Ausschnitt aus einem populärwissenschaftlichen Buch zitiert.
„HERKULES hatte viel Scherereien mit einer als ‚Lernäische Hydra' bekannten Schlange: Sobald er einen ihrer neun Köpfe abschlug, wuchsen zwei neue nach. Dieser Fabel verdankt der unscheinbare Süßwasserpolyp seinen wissenschaftlichen Namen ‚Hydra'. Schneidet man ihm nämlich das Vorderende mit dem Tentakelkranz ab (einen eigentlichen ‚Kopf' hat er ja nicht), so wächst es nach, wenn auch nicht so schnell wie bei jenem antiken Untier. Seine Zellen oder doch bestimmte Zellen haben die Fähigkeit …………"

? Deine Aufgabe besteht darin, den Text weiter zu schreiben. Dabei solltest Du möglichst weitgehende und genaue Erklärungen nach dem heutigen Wissensstand der Biologie bieten. Benutze dabei auch die heute gebräuchlichen Fachbegriffe.

Frankenberg, G. v.: Zauberreich des Lebens, 1965.

! **Lösung**

Im fortgeführten Text sollten erwähnt werden:

– der Begriff „Totipotenz": die Fähigkeit, aus einer Zelle einen vollständigen Organismus zu bilden; oder der Begriff „Pluripotenz": die Erscheinung, dass ausgehend von einer Zelle mehrere verschiedene Zelltypen entstehen können.

– die Beobachtung, dass die Zellen des Süßwasserpolypen auch noch beim erwachsenen Tier die Fähigkeit haben, sich zu allen Zelltypen zu differenzieren, die in der oberen Körperhälfte enthalten sind.

– die Tatsache, dass jede Zelle eines Organismus die komplette genetische Ausstattung des Lebewesens enthält.

– der Vorgang der Differenzierung von Zellen als ein Resultat der differenziellen Genaktivierung, d. h. als ein Steuerungsvorgang, bei dem in geregelter und geordneter Weise Gene abgelesen bzw. blockiert werden.

Aufgabe 2

Im Schema sind stark vereinfacht die Arbeitsschritte angegeben, die bei der Klonierung eines Schafes aus einer Körperzelle erforderlich sind.

? Ordne die vorgegebenen Texte den mit Buchstaben gekennzeichneten Stellen des Schemas zu.

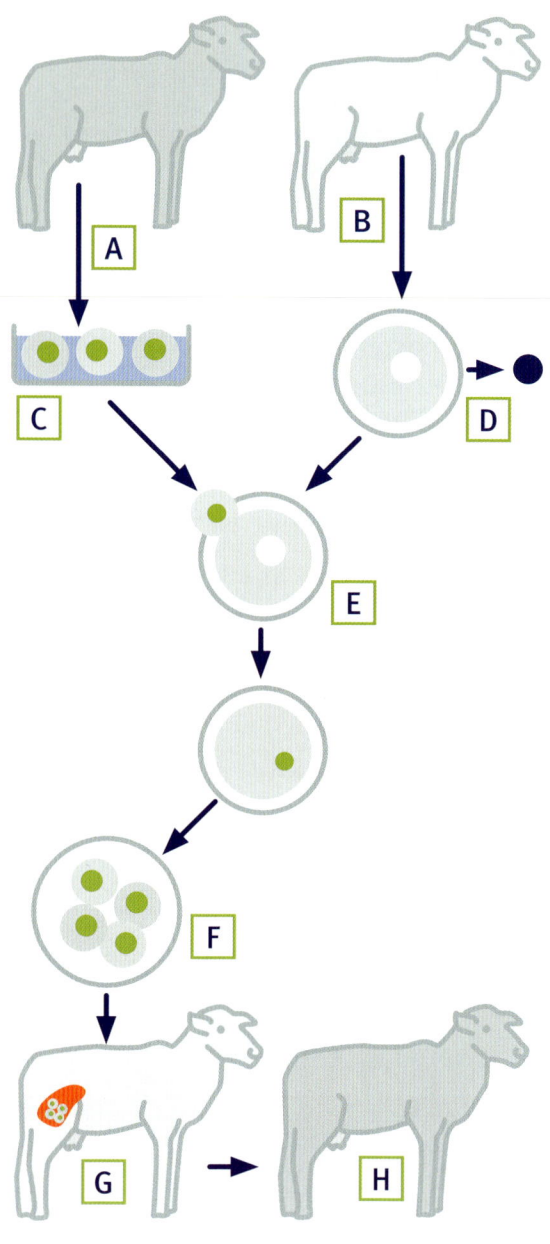

1) Entfernung des Zellkerns aus einer Eizelle, die einem Schaf entnommen wurde („Entkernen der Eizelle").
2) Entnahme von Zellen aus dem Euter eines Schafs (Schaf „I")
3) Kultivierung der dem Euter entnommenen Zellen. Spezifische Behandlung der Zellen, die einen Zustand hervorruft, der dem bei der Entstehung von Eizellen ähnelt (Eizelle nach dem Eisprung, vor der zweiten Reifungsteilung = G0-Phase der Zellteilung).
4) Wachstum (Zellteilungen) des Embryos im Reagenzglas
5) Entnahme von Eizellen (kurz nach dem Eisprung) aus einem zweiten Schaf (Schaf „II").
6) Verschmelzen der vorbehandelten Euterzellen mit der entkernten Eizelle. Die Eizelle erhält dadurch die genetische Information des Schafs „I".
   Folge der Vorbehandlung und Verschmelzung: Der Zellkern der Euterzelle erhält seine Totipotenz zurück, d. h. aus ihm können, wie bei einer frühembryonalen Zelle, alle Zelltypen eines Schafes hervorgehen (Differenzierung in alle Zelltypen möglich).
7) Übertragung des Embryos in die Gebärmutter eines dritten Schafs (Schaf „III" = Leihmutter).
8) Entsprechend der genetischen Information in den Zellen entwickelt sich der Embryo zu einer genetisch identischen Kopie des Ausgangstieres (Tier, von dem die Euterzelle stammt, Schaf „I")

> **! Lösung**
> • Zuordnung der Textvorschläge:
>
> | | | | |
> |---|---|---|---|
> | A | 2 | E | 6 |
> | B | 5 | F | 4 |
> | C | 3 | G | 7 |
> | D | 1 | H | 8 |

Aufgabe 3

Lange Zeit war in der Medizin bei vielen Wissenschaftlern unumstritten, dass das Herz sich im Laufe seines Lebens nicht durch Neubildung von Zellen verjüngen kann. Dem Herzen sprach man, anders als z. B. der Leber, keinerlei Erneuerungsfähigkeit zu. Verletzungen des Herzens, z. B. nach einem Schlaganfall, können dieser Auffassung entsprechend daher zwar vernarben, aber nicht ausheilen. Die abgestorbenen Herzzellen werden nicht ersetzt. Erste Zweifel an dieser Meinung traten auf, als man in neuerer Zeit folgende Beobachtung machte:

Man untersuchte Männer, die durch eine Transplantation das Herz einer Frau erhalten hatten, einige Zeit mit dem fremden Herzen gelebt hatten und dann gestorben waren. In ihren Herzen aus weiblichem Gewebe entdeckten Wissenschaftler zu ihrer Überraschung auch männliche Herzzellen.

? a) Nenne das Merkmal, an dem die Wissenschaftler die transplantierten, weiblichen Zellen, von den Zellen des (männlichen) Empfängers unterscheiden konnten.

b) Stelle Vermutungen darüber an, wie es in den erwähnten
Fällen, zur Bildung von männlichen Herzzellen in den transplantierten weiblichen Herzen kommen konnte.

Neue Zürcher Zeitung, 23.9.2004.

! **Lösung**

a) Männliche Zellen sind an den Geschlechtschromosomen leicht erkennbar. Sie enthalten jeweils ein X- und ein Y-Chromosom. Weibliche Zellen
haben statt des Y-Chromosoms ein zweites X-Chromosom.

b) Die männlichen Zellen, die die Wissenschaftler in den transplantierten
weiblichen Herzen fanden, könnten aus Stammzellen hervorgegangen sein,
die mit dem Blut aus anderen Körperbereichen ins Herz gelangten. Dort
könnten sie sich, angeregt und gesteuert von den spezifischen Eigenschaften
des sie umgebenden Herz-Gewebes, zu Herzzellen differenziert haben. Als
Herkunft der Stammzellen käme z. B. das rote Knochenmark in Frage.
     Wenn das zutrifft, gilt die alte Auffassung nicht mehr, dass das Herz un-
fähig sei, neue Zellen zu bilden und sich so zu verjüngen oder den Verlust
von Gewebe zu ersetzen.

Aufgabe 4

Die Abbildungen stehen für Arbeitsschritte, die im Verfahren der Präimplantati-
onsdiagnostik ablaufen. Darunter versteht man die genetische Diagnose vor der
Einpflanzung eines Embryos in die Gebärmutter. In der BRD ist es gesetzlich verboten, dieses Verfahren beim Menschen anzuwenden. Das Verbot ist allerdings um-
stritten. In den Abbildungen ist es am Beispiel des Menschen dargestellt.

? a) Die Abbildungen sind nicht in der zeitlichen Abfolge der
Arbeitsschritte angeordnet. Bringe die Abbildungen in die
richtige Reihenfolge.

b) Ordne die unten vorgeschlagenen Erläuterungen den rich-
tigen Abbildungen zu.

Die Zeit, 2.3.2000.

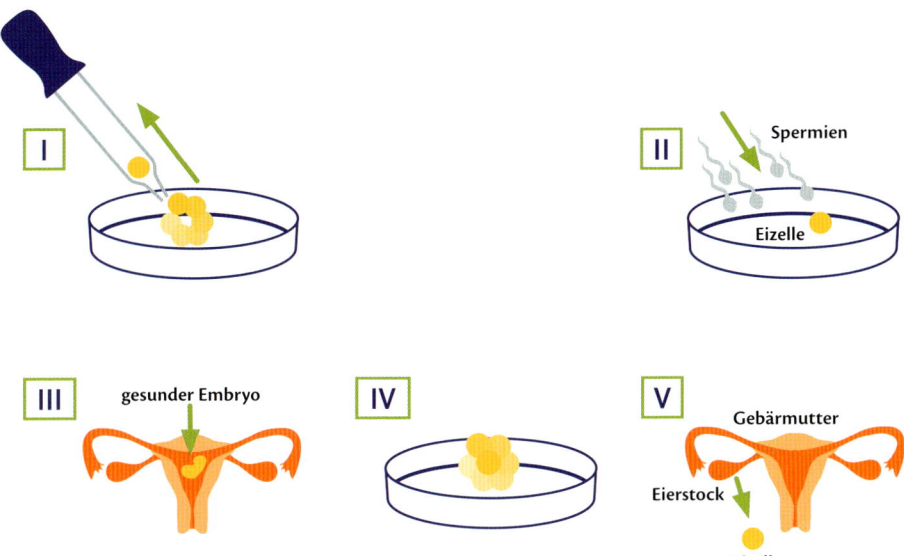

A) Zellteilungen (Furchungen) der befruchteten Eizelle.

B) Entnahme von Eizellen nach dem Eisprung (Ovulation).

C) Entnahme einer Zelle auf dem Acht-Zell-Stadium des Embryos. Analyse des Genotyps (z. B. auf Erbkrankheiten oder erwünschte bzw. unerwünschte körperliche Merkmale). Trotz des Verlustes einer Zelle behält der Embryo die Fähigkeit, sich zu einem normalen, gesunden Kind weiterzuentwickeln.

D) Befruchtung einer Eizelle außerhalb des Mutterleibs (im Reagenzglas, In-Vitro-Fertilisation).

E) Bei positivem Ergebnis der Genanalyse Übertragung (Implantation) des Embryos in die Gebärmutter.

❗ Lösung

a) Reihenfolge der Arbeitsschritte:

V --> II --> IV --> I --> III

b) Zuordnung der Erläuterungen

I   C

II D

III E

IV A

V   B

Aufgabe 5

Schon seit geraumer Zeit können Biotechniker „Hybridprotoplasten" von Pflanzenzellen herstellen.

? a) Beschreibe stichwortartig, wie die Herstellung von „Hybridprotoplasten" bei Pflanzen geschieht.

b) Stelle den Vorteil dar, den die Möglichkeit bietet, „Hybridprotoplasten" herzustellen.

Lösung

a) Folgende Arbeitsschritte sind erforderlich:
1) Isolation von Zellen zweier Pflanzenarten.
2) Auflösen der Zellwand durch Enzyme (Cellulase u. a.). Übrig bleibt der Protoplast, eine Zelle, die nur noch von der äußeren, das Cytoplasma begrenzenden Membran, (Plasmalemma) umgeben ist.
3) Mischung der Protoplasten der beiden Arten. Dadurch können, wenn günstige Bedingungen geschaffen werden, zunächst die beiden Protoplasten, später auch ihre Zellkerne miteinander verschmelzen. Es ist ein Hybridprotoplast entstanden.

b) Unter natürlichen Bedingungen oder durch Kreuzungen entstehen in der Regel keine Mischlinge (Bastarde) zwischen Arten. Wenn man für die Hybridisierung totipotente Zellen verwendet, d. h. Zellen, die noch in der Lage sind, zu einer vollständigen neuen Pflanze heranzuwachsen, lassen sich unter geeigneten Bedingungen aus den Hybridprotoplasten Artbastarde ziehen. Artbastarde können als Nutzpflanzen interessant sein, weil sie günstige Merkmale in einer Pflanze vereinigen, die in der Natur auf zwei verschiedene Arten verteilt sind.

Aufgabe 6

? Stelle den Vorteil dar, der sich aus der Möglichkeit ergibt, Pflanzen in Antherenkulturen heranzuziehen.

Lösung

In Antherenkulturen wachsen Pflanzen aus Pollenzellen heran. Pollen entstehen durch Meiose. Sie enthalten daher nur einen haploiden Chromosomensatz.

Pflanzen, die aus Pollenzellen entstehen, sind haploid. Alle Gene ihres Genoms kommen daher zur Ausprägung. Da pro Gen nur ein Allel vorhanden ist, besteht keine Möglichkeit, rezessive Gene durch dominante zu überdecken. Der Genotyp einer Pflanze ist daher an seinen Merkmalen zu erkennen. Für die Pflanzenzucht ist das von großem Vorteil, weil man auf diese Weise sehr leicht und schnell Stämme und Individuen für die Zucht auswählen kann, die geeignete Genotypen haben.

Literaturverzeichnis

- Aubele, M.: Genetik für Ahnungslose. Hirzel, Stuttgart, 2007.
- Biologen heute. Mitteilungen des Verbandes Deutscher Biologen und biowissenschaftlicher Fachgesellschaften. München.
- Bresch, C.: Klassische und molekulare Genetik. Springer, Berlin, Heidelberg, New York, 1965 und 1972.
- Buselmaier, W. und G. Tariverdian: Humangenetik für Biologen. Springer, Berlin, 2005.
- Darnell, J., Lodish, H. und D. Baltimore: Molekulare Zellbiologie. de Gruyter, Berlin, New York, 1994.
- Der Spiegel. Spiegel-Verlag Rudolf Augstein, Hamburg.
- Die Zeit. Zeitverlag, Gerd Bucerius, Hamburg.
- Duve, C. de: Die Zelle. Spektrum Akademischer Verlag, Heidelberg, Berlin, Oxford, 1992.
- Egli, M.: Logotope. Limmat, Zürich, 1986.
- Fels, G.: Genetik. Klett, Stuttgart, 1981.
- Frankenberg, G. v.: Zauberreich des Lebens. Berlin, Safari, 1965.
- Goethe, J. W. v.: „Metamorphose der Pflanzen". Verlag Chemie, Weinheim, 1984.
- Gottschalk, W.: Allgemeine Genetik. Thieme, Stuttgart 1989.
- Grell, K. G.: Protozoologie. Springer, Berlin, Heidelberg, New York, 1973.
- Groß, M.: Exzentriker des Lebens. Spektrum Akademischer Verlag, Heidelberg, Berlin, Oxford, 1997.
- Hafner, L. und P. Hoff: Genetik. Schroedel, Hannover, 1988.
- Harnisch, 0.: Rhizopoda. In: Brohmer, P., P. Ehrmann und G. Ulmer: Die Tierwelt Mitteleuropas, 1. Band, Lief. 1 b. Quelle & Meyer, Heidelberg, 1959.
- Hofmann, U. und M. Schwerdtfeger: ...und grün des Lebens goldner Baum. Lustfahrten und Bildungsreisen im Reich der Pflanzen. Edition Nereide, Göttingen, 1998.
- Indridason, A.: Nordermoor. Lübbe, Bergisch-Gladbach, 2003.
- Jahn, I.: Grundzüge der Biologiegeschichte. G. Fischer, Jena, 1990.
- Janning, W. und E. Knust: Genetik. Thieme, Stuttgart, 2008.
- Kleinig, H. und P. Sitte: Zellbiologie. Urban & Fischer, München, 1999.
- Klug, W. S., M. Cummings, R. Michael und C. A. Spencer: Genetik. Pearson Studium, München, 2007.
- Knodel, H. (Hrsg.): Linder Biologie. 1976 und neuere Ausgaben.
- Knodel, H., U. Bäßler und A. Haury: Biologie-Praktikum. Metzler, Stuttgart, 1973.
- Kull, U. und H. Knodel: Genetik und Molekularbiologie. Metzler, Stuttgart, 1983.
- Naturwissenschaftliche Rundschau. Organ der Gesellschaft Deutscher Naturforscher und Ärzte. Wissenschaftliche Verlagsgesellschaft, Stuttgart.

- Neue Zürcher Zeitung. Zürich.
- Nultsch, W.: Allgemeine Botanik. Georg Thieme, Stuttgart, 1968 und neuere Auflagen.
- Plattner, H. und J. Hentschel: Zellbiologie. Thieme, Stuttgart, 2006.
- Praxis der Naturwissenschaften – Biologie. Aulis.
- Ringo, J.: Genetik kompakt. Spektrum Akademischer Verlag, Heidelberg, Berlin, Oxford, 2005.
- Schmeil: Tierkunde. Quelle & Meyer, Heidelberg, 1981.
- Scientific American. New York.
- Seyffert, W. (Hrsg.): Lehrbuch der Genetik. Spektrum Akademischer Verlag, Heidelberg, Berlin, Oxford, 2003.
- Spektrum der Wissenschaft. Spektrum der Wissenschaft Verlagsgesellschaft, Heidelberg.
- Strasburger, E.: Lehrbuch der Botanik. Neu bearbeitet von D. v. Denffer u. a., Gustav Fischer, Stuttgart, 1967 und neuere Auflagen.
- Studienbriefe Biologie, Studiengemeinschaft Darmstadt. Werner Kamprath-Verlag, Darmstadt.
- Taylor, G. R.: Das Wissen vom Leben. Droemer, Knaur, München, 1963.
- Ude, J. und M. Koch: Die Zelle. G. Fischer, Jena, Stuttgart, 1994.
- Unterricht Biologie. Friedrich, Velber.
- Urania Tierreich, Bd. 3, Insekten. Harry Deutsch, Frankfurt, 1969 und 2000.
- Vasold, M.: Pest, Not und schwere Plagen. Seuchen vom Mittelalter bis heute. Bechtermünz, Eltville, 1999.

Die folgende Übersicht ermöglicht es Ihnen, Aufgaben gezielt nach behandelter Thematik, Schwierigkeitsgrad, Anforderungsniveau und Lateralinformation auszuwählen.

Seite	Kapitel	Unterkapitel	Abschnitt	Aufgabe	gering	mittel	hoch	Reproduktion	Anwendung	Transfer	Chemie	Geographie	Geologie	Geschichte	Literatur	Mathematik	Philosophie	Photosynthese	Physik	Physiologie
3	Zellbiologie	Kennzeichen des Lebens		1	•					•										
3				2			•			•									•	
5		Zellenlehre	Bau der Zelle	1	•			•												
6				2	•				•											
7				3	•					•										
7				4		•				•										
8				5		•			•											
10				6			•		•											
11				7			•			•										
12				8			•		•											
13				9			•		•											
14				10			•			•										
15				11			•		•											
16				12			•		•											
17				13			•	•											•	
18				14			•		•							•				
18				15			•		•											
19				16			•		•											
20				17			•			•										
20				18			•			•	•									

Aufgabe	19	20	21	22	23	24	25	26	27	28	29	30	31	32	33	34	35	36	37	38	39	40	41	42	43	44	45	46	47	48	49
											•				•	•	•		•	•	•			•							
	•	•		•	•		•	•	•				•	•	•	•	•			•	•			•							
									•		•								•	•			•		•		•	•	•	•	•
			•			•					•							•						•							
	•			•	•	•	•	•	•	•	•	•	•	•		•	•		•	•		•	•					•		•	•
															•			•									•		•		
		•	•																						•	•					
Seite	21	23	26	27	27	28	29	30	31	32	34	35	36	38	40	42	43	43	43	44	45	46	46	47	48	49	50	51	51	52	54

Zellbiologie — Zellenlehre

- Bau der Zelle (Aufgaben 19–24)
- Vorgänge in der Zelle (Aufgaben 25–33)
- Diffusion und Osmose (Aufgaben 34–42)
- Mitose, Meiose, Befruchtung (Aufgaben 43–49)

Seite	Kapitel	Unterkapitel	Teilkapitel	Aufgabe
71	Zellbiologie	Einzellige Pflanzen und Tiere		15
72	Zellbiologie	Einzellige Pflanzen und Tiere		16
73	Zellbiologie	Einzellige Pflanzen und Tiere		17
74	Zellbiologie	Einzellige Pflanzen und Tiere		18
75	Zellbiologie	Einzellige Pflanzen und Tiere		19
76	Zellbiologie	Einzellige Pflanzen und Tiere		20
77	Genetik	Klassische Genetik	Mendelgenetik	1
79	Genetik	Klassische Genetik	Mendelgenetik	2
81	Genetik	Klassische Genetik	Mendelgenetik	3
82	Genetik	Klassische Genetik	Mendelgenetik	4
84	Genetik	Klassische Genetik	Mendelgenetik	5
85	Genetik	Klassische Genetik	Mendelgenetik	6
86	Genetik	Klassische Genetik	Mendelgenetik	7
87	Genetik	Klassische Genetik	Mendelgenetik	8
88	Genetik	Klassische Genetik	Mendelgenetik	9
89	Genetik	Klassische Genetik	Mendelgenetik	10
90	Genetik	Klassische Genetik	Chromosomale Genetik	11
91	Genetik	Klassische Genetik	Chromosomale Genetik	12
92	Genetik	Klassische Genetik	Chromosomale Genetik	13
93	Genetik	Klassische Genetik	Chromosomale Genetik	14
94	Genetik	Klassische Genetik	Chromosomale Genetik	15
95	Genetik	Klassische Genetik	Chromosomale Genetik	16
96	Genetik	Klassische Genetik	Chromosomale Genetik	17
97	Genetik	Klassische Genetik	Morgan-Genetik	18
99	Genetik	Klassische Genetik	Morgan-Genetik	19
102	Genetik	Klassische Genetik	Morgan-Genetik	20
104	Genetik	Klassische Genetik	Modifikation	21
105	Genetik	Klassische Genetik	Modifikation	22
106	Genetik	Klassische Genetik	Modifikation	23
107	Genetik	Klassische Genetik	Modifikation	24

Seite	Kapitel	Unterkapitel	Abschnitt	Aufgabe	Schwierigkeitsgrad hoch	Schwierigkeitsgrad mittel	Schwierigkeitsgrad gering	Anforderungsniveau Reproduktion	Anforderungsniveau Anwendung	Anforderungsniveau Transfer	Lateralinformation Chemie
108	Genetik	Molekulare Genetik	Nukleinsäuren	1	•					•	•
110				2	•				•		
111				3	•					•	
112				4	•				•		
113				5	•				•		
114				6	•					•	•
115			Protein-biosynthese	7	•					•	
116				8	•					•	
119				9	•					•	
120				10	•				•		
121				11	•					•	
121				12	•				•		•
122				13	•					•	
123				14	•					•	
125				15	•					•	
126				16	•					•	
129		Humangenetik		1		•				•	
129				2		•				•	
131				3	•				•		
131				4	•			•			
132				5		•				•	
133				6		•				•	
144				7		•			•		

Weitere Spalten der Lateralinformation (Geographie, Geologie, Geschichte, Literatur, Mathematik, Philosophie, Photosynthese, Physik, Physiologie) ohne Eintrag.

Kapitel			Thema	Nr.	Seite
Genetik	Humangenetik			8	145
				9	146
	Angewandte Genetik	Züchtung		1	148
				2	149
				3	149
				4	151
				5	152
				6	152
				7	153
				8	153
		Gentechnik		9	155
				10	155
				11	156
				12	159
				13	160
				14	162
				15	162
		Genanalyse		16	163
				17	164
				18	166
				19	168
				20	170
				21	171
	Reproduktionsbiologie			1	173
				2	173
				3	175
				4	176
				5	178
				6	178

Bildquellennachweis

Die Abbildungsvorlagen stammen teilweise vom Verfasser oder sind den Biologischen Arbeitsbüchern (Übungsaufgaben zum Biologieunterricht in den Klassen 5/6, 7/8, 9/10, Sekundarstufe II), Quelle & Meyer Verlag, entnommen.